製造業の教科書

利益を最大にする実践的手法

トヨタ流原価マネジメント

堀切俊雄
豊田エンジニアリング 代表取締役

日経BP

はじめに

　本書は、トヨタ流原価マネジメントの指南書です。トヨタ自動車が行っている優れた原価マネジメントを基に、多くの企業が実践できるように体系化しました。

　会社の経営とはQ（品質）、C（コスト）、D（納期・リードタイム）を追求する会社全体の活動をマネジメントすることです。このうちのC（コスト）に当たる原価（または利益）に関するマネジメントが原価マネジメントとなります。

　「原価マネジメント」は、一般には聞き慣れない言葉かもしれません。原価マネジメントを端的に言えば、企業が利益を生み出すためのマネジメント、すなわち、企業が儲かるためのマネジメントです。

　「原価」と聞くと、経営者や経理の仕事というイメージを持つ人が多いと思います。企業が存続・発展するためには利益を創出することが非常に重要であり、それは経営者の役割です。経理部門から定期的に会社の業績の報告書（決算書）が渡されます。この決算書である財務諸表などを理解して分析すれば、企業の利益が向上すると一般には思われています。

　しかしながら、この報告書（決算書）は企業の過去の活動（業務）の結果の集計であり、過去に遡って会社の業績を良くすることは不可能です。加えて、経理部門だけではなく、営業部門や設計部門、製造部門、人事部門、物流部門など、多くの部門の業務が原価を発生させたり、利益を生み出したりしています。

　現在行っている業務と原価（または利益）は対になっています。現在の業務と原価（利益）はリアルタイムで直結しているのです。経営者や経理部門も含めて、社員全員が現在行っている業務が会社の業績を左右しています。

　原価マネジメントとは、全員が各業務と原価をリンクさせ、各業務の付加価値（原価の低減・利益の創造）を増大させるマネジメントなのです。社員全員の業務が利益に関与しているため、原価（または利益）を創造する業務に改善する必要があります。そのためには、全社員に対して原価について教育し、

原価に対する意識を変えて、現在の仕事を改善する人材に育成することが必要なのです。
　注意しなければならないのは、原価マネジメントは財務会計とは異なることです。

財務会計…会社の業績を集計する
原価マネジメント…会社の業績を向上させる活動

　財務会計については会計士や税理士といった国家資格があり、会社では主に経理部門や財務部門が担当します。このように、財務会計は確立されています。ところが、原価マネジメントについてはあまり認知されていません。
　企業の経営トップと経理部門は財務会計（主に集計・分析）の業務だけではなく、原価マネジメント（価値・利益の創出）の業務にも力を入れるべきです。経営トップおよび管理者に原価マネジメントの重要性を認識してもらい、会社の経営に原価マネジメントを役立てもらいたい。また、会社の全員に原価マネジメントを知ってもらい、業績を高める活動を活発に行って会社の業績を向上させてほしい。そうした思いで本書を執筆しました。
　本書は、企業における各業務と原価との関係を明確にし、それぞれの業務の付加価値を高める方法を解説しました。また、理解しやすくするために、その事例をできる限り多く取り入れています。
　第1章では、原価マネジメントとは何かについて述べ、さらに原価マネジメントの取り組みや効果について簡潔に説明しています。
　第2章から第4章では、一般的な原価の定義や捉え方について、トヨタ自動車における実例や演習問題を通して説明しています。
　第5章から第8章では、トヨタ自動車における原価マネジメントの取り組みについて、商品企画から量産開始後に至るプロセスに沿って時系列で整理しています。

第9章では、トヨタ生産方式（TPS）を用いた原価改善活動について、生産工程での実例を見ながら解説しています。

　第10章では、原価マネジメント活動を支える人材育成について説明。第11章では、原価マネジメントを進める上で必要な企業の改善力の評価「GBM（グローバルベンチマーク）」評価について解説しています。

　ぜひ本書で原価マネジメントを学び取り、貴社の利益向上に役立ててください。

注）筆者はトヨタ式の会社全体のマネジメントをTMS（Total Management System またはToyota way Management System）、トヨタ式の設計開発をTDS（Toyota Development System）、トヨタ式の原価マネジメントをTCMS（Total Cost Management SystemまたはToyota Cost Management System）と呼んでいます。

堀切　俊雄

CONTENTS

はじめに ……………………………………………………………………………… 003

第1章 原価マネジメントの概要 …………………………………………… 013

1.1 儲かる会社と儲からない会社 ……………………………………… 014
　　1.1.1 儲からない会社の事例 ……………………………………… 016
　　1.1.2 儲からない会社の特徴 ……………………………………… 018
1.2 原価マネジメントの概要 …………………………………………… 019
　　1.2.1 企業を取り巻く外部環境 …………………………………… 020
　　1.2.2 魅力のある商品開発の例 …………………………………… 022
1.3 原価マネジメントと財務会計の違い ……………………………… 025
1.4 業務と原価のプロセス ……………………………………………… 028

第2章 原価とは ……………………………………………………………… 035

2.1 原価の考え方 ………………………………………………………… 036
2.2 原価の多面性 ………………………………………………………… 039
　　2.2.1 主な原価の捉え方 …………………………………………… 040
　　2.2.2 原価の明細・費目 …………………………………………… 042
　　2.2.3 原価の費目の実績把握（トヨタ自動車のプレス工場の例） ……… 042

第3章 業務のプロセスと原価の関係 ……………………………………… 045

3.1 企業の経営と業務プロセス ………………………………………… 046
3.2 仕事の「見える化」と自工程完結 ………………………………… 050

3.2.1 工場での自工程完結 ……………………………………………………… 051
3.2.2 生産工程の自工程完結 …………………………………………………… 053
3.2.3 オフィスの自工程完結 …………………………………………………… 054

第4章 原価の捉え方 …………………………………………………………………… 061

4.1 原価の捉え方と計算方法 …………………………………………………… 062
4.2 生産量による原価の変動 …………………………………………………… 064
4.2.1 演習：生産量による原価の変動 ………………………………………… 069
4.3 対象とする原価の範囲 ……………………………………………………… 074
4.4 意思決定による原価の変動（経済性検討） ……………………………… 075
4.4.1 意思決定時の埋没原価の考え方 ………………………………………… 079
4.4.2 金利を考慮した経済性検討 ……………………………………………… 082
4.5 原価の基となる条件からの原価 …………………………………………… 088

第5章 原価企画（商品企画と製品企画） ………………………………………… 089

5.1 原価の業務と区分 …………………………………………………………… 090
5.2 商品企画（製品企画）と原価企画の概要 ………………………………… 092
5.2.1 商品企画段階と製品企画段階の原価企画 ……………………………… 092
5.2.2 トヨタ自動車の新商品（新製品）開発プロセス ……………………… 092
5.2.3 商品企画の重要性 ………………………………………………………… 093
5.3 商品企画（製品企画）とは ………………………………………………… 093
5.3.1 新製品の商品企画 ………………………………………………………… 095
5.3.1.1 市場の消費傾向の変化への対応ニーズ ……………………………… 095
5.3.1.2 商品企画の手順（自動車の事例） …………………………………… 095
5.3.2 チーフエンジニアによる製品企画 ……………………………………… 100

　　　　5.3.2.1 製品企画のプロセス ………………………………………………… 101
5.4 原価企画とは ………………………………………………………………… 104
　　5.4.1 原価企画の進め方 ………………………………………………………… 105
5.5 商品企画と原価企画の事例 …………………………………………………… 107
5.6 チーフエンジニアによる新製品開発の提案 ………………………………… 113
　　5.6.1 CE制度とは ………………………………………………………………… 113
　　　　5.6.1.1 CEグループの構成 …………………………………………………… 114
　　　　5.6.1.2 CE制度を成功させるには …………………………………………… 115
　　5.6.2 開発提案のサンプル ……………………………………………………… 116

第6章 原価計画1：開発設計段階の原価計画 …………… 127

6.1 開発設計段階の改善効果 ……………………………………………………… 128
6.2 開発設計段階の原価計画 ……………………………………………………… 130
　　6.2.1 トヨタ自動車の開発体制 ………………………………………………… 130
　　6.2.2 設計図面の完成度向上活動（SE活動） ………………………………… 135
　　6.2.3 原価計画：開発設計段階の原価に関する業務 ………………………… 147
　　　　6.2.3.1 原価企画と原価計画時の注意点 …………………………………… 149
　　　　6.2.3.2 開発設計時の原価低減項目 ………………………………………… 149
　　　　6.2.3.3 VEとVA ……………………………………………………………… 151

第7章 原価計画2：生産企画・調達企画の原価計画 ……… 153

7.1 生産企画段階の原価計画 ……………………………………………………… 154
　　7.1.1 生産企画の基本方針 ……………………………………………………… 154
　　　　7.1.1.1 原価の観点から内外製を決める場合や原価を検討する場合の注意点 … 155
　　7.1.2 内製部品の原価計画 ……………………………………………………… 157

	7.1.2.1 内製部品の原価低減項目	157
7.2	**海外生産の原価計画**	**159**
	7.2.1 海外生産での原価の推定方法	159
	7.2.1.1 採算の検討ステップ	160
	7.2.1.1.1 [1]海外子会社の内製原価の推定	160
	7.2.1.1.2 海外子会社における内製原価の推定の例	161
	7.2.1.1.3 子会社の内製の原価	161
	7.2.1.2 [2]部品の海外での国産化の企画	166
	7.2.1.2.1 海外の生産企画の例	168
	7.2.2 演習：海外生産の原価計画	171
7.3	**原価計画の検討時の留意点**	**175**
	7.3.1 原価計算の目的と経済性検討の目的の違い	175
7.4	**原価計画時の原価の見積もり方法**	**179**
	7.4.1 原価企画・原価計画・原価低減での原価算出のルール例	179
	7.4.2 原価企画・原価計画時の原価の見積もり方法	180
	7.4.3 加工方法別の見積もり方法	180
	7.4.3.1 例1：樹脂成形品	180
	7.4.3.2 例2：ゴム成形品	182
	7.4.3.3 例3：プレス部品	182
	7.4.3.4 例4：機械加工部品	183
7.5	**購買の方針とサプライチェーンマネジメント（SCM）**	**185**
	7.5.1 仕入れ先への要望項目	186
	7.5.2 仕入れ先への支援	186

第8章 原価維持と原価低減（量産開始前後） … 193

8.1 工場の原価マネジメントの体制 … 194
8.2 原価の実績の把握 … 196

8.3 原価維持：予算管理制度と原単位 198
8.4 原価低減の方法 200
8.4.1 工場の原価改善の方策 202
8.4.1.1 原価上の問題・課題の顕在化 203
8.4.1.2 工場での原価低減項目 203
8.4.1.3 原価低減の方策 204
8.4.2 原価低減の改善事例 210
8.4.2.1 改善事例1：アルミホイールの原価改善 210
8.4.2.2 改善事例2：加工工数の低減 215
8.4.2.3 改善事例3：材料費の低減、歩留まり率の改善 217

第9章 リードタイム分析と改善事例 219

9.1 リードタイム分析の概要 220
9.1.1 工場の生産リードタイム 221
9.2 リードタイムとは 224
9.2.1 リードタイムと原価低減 226
9.3 原価改善の事例 229
9.3.1 事例1：発砲コンクリートのパネルを生産する会社 229
9.3.1.1 問題点 230
9.3.1.2 問題点の詳細 232
9.3.1.3 問題点への対応と改善の内容 233
9.3.1.4 改善の結果 237
9.3.2 事例2：電子機器の製造 237
9.3.2.1 原価の推進体制をつくる 237
9.3.2.2 工場全体の原価改善の各活動と目標 240
9.3.2.3 原価改善の方策 241
9.3.2.4 活動の成果 241

第10章 企業の人材育成 ……… 243

10.1 企業の人材育成 ……… 244
10.2 原価マネジメントの人材育成 ……… 247
10.2.1 原価教育の対象 ……… 247
10.2.2 原価教育の内容 ……… 247
10.2.3 原価マネジメントの中核的人材の養成 ……… 248
10.2.4 マネージャーの原価教育と人材育成 ……… 249

第11章 企業の改善力の評価：GBM（グローバルベンチマーク）評価 ……… 251

11.1 GBM（グローバルベンチマーク）の概要 ……… 252

おわりに ……… 265
索引 ……… 267

第1章

原価マネジメントの概要

原価マネジメントの概要

　まずは**原価マネジメント**の概要からスタートしましょう。原価マネジメントは、経理や決算と根本的に違います。**経理**とは、企業の経済活動に関わる資金や取引の流れを記録・管理する仕事です。そして**決算**とは、企業の半期あるいは1年といった期間の財政状態と経営成績をまとめたものです。代表的なものは**財務諸表**です。要は、経理や決算とは過去の企業の活動をまとめたものになります。

　これに対して原価マネジメントとは、将来の企業の決算を向上させるために、全ての職場の人たちがコスト（利益）面から現在の仕事をどうすべきかを考え、儲かるように業務を遂行することを指します。企業の決算が高まるように先手で対応します。

1.1　儲かる会社と儲からない会社

　原価マネジメントの概要に入る前に、儲かる会社と儲からない会社について説明しましょう。
　日本には多くの会社があり、儲かっている会社から赤字の会社などさまざまです。「うちの会社は儲け主義ではなく、世の中に貢献することが会社の方針です」という会社もあります。しかしながら、赤字では事業の継続もできませんし、世の中に貢献したくても継続できないことになります。

　筆者自身はトヨタ自動車を定年間際に退職し、コンサルタント会社を始めました。この20年以上の間にさまざまな国内外の会社（コンサルをした会社、コンサルを断られた会社、単に調査をした会社など）に遭遇しました。

　コンサルへの相談事は両極端でした。「事業は順調だが、もっと成長したい」、「業務の内容を充実させたい」、「従業員の満足度を向上させたい」といった前向きな相談がある一方で、赤字が続き、銀行からこれ以上赤字が続くと融資が難しくなると言われたのでどうしたらよいかという相談もありました。しかし、ここまで両極端であっても、実は会社にアドバイス・

指導を行うコンサルの仕方はそれほど変わりません。

　赤字が続く会社や利益が低迷している会社には共通点があります。そうした会社の実態を模式的に表した**図1-1**で説明しましょう。

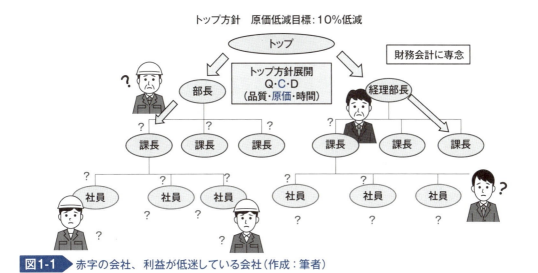

図1-1　赤字の会社、利益が低迷している会社（作成：筆者）

　ある会社は、毎年1億円の赤字が10年間続き、銀行にこれ以上融資できないと言われました。この会社の社長から受けたのは黒字化したいとの依頼。そこで、筆者は会社の実態を把握することから開始しました。社長の説明では、10％の原価低減の会社方針を立てて社内に展開しているとのことでした。

　ところが、実態は**図1-1**のように、方針を受けた各部長のうち、ある部長は自分の部は原価とは関係ないと判断して方針を無視していました。ある部長は原価の理解が不十分で原価の低減方法が分からないため、原価低減の仕事が分からないまま部下（課長）に指示していました。指示を受けた課長は部長と同じく理解が不十分な状態で部下（スタッフや現場の組長）にその指示を流す。当然、実務を担当しているスタッフや組長たちは原価を低減できません。肝心の経理部の部長は「私の部の仕事は会社の決算・財務会計を行うことです。原価については担当していません」と言い出す始末です。

　結局、社長の出した会社方針である10％の原価低減を実行している社員はこの会社に1人もいませんでした。このような実態だったので10年間も赤字が続いていたのです。

　こうした日本企業は珍しくありません。似たような会社は数多くあります。経理部の仕事は会社の決算・財務会計・予算管理を行うことだけですとか、予算管理は行っていますが、原価は経理部の仕事ではありませんとかいう会社がなんと多いことか。

1.1.1 儲からない会社の事例

　家庭用製品を造っている日本のある製造会社の例です。この製品は日本製と欧州製があり、価格的には厳しい市場です。この製品を2010年ごろまでは中国で生産し、日本と米国、欧州に輸出していました。しかし、中国の人件費や外注部品などの経費が上がり、ベトナムに生産拠点を移しました。

　日本の本社には社長（オーナー）をはじめ数人が勤務しています。この会社はベトナムに法人会社を造り、そこには約1000人のベトナム人と数人の日本人が駐在して勤務しています。会社の実態は工場が主体です。ベトナムの法人会社は社長と経理部、調達部は日本人の駐在員が運営しています。

　日本の社長の悩みはベトナムの会社が赤字であることでした。何とか利益が出るようにしたいので、ベトナムの法人会社を調査して診断してほしいと依頼されました。日本の社長は日本におり（数年間もベトナムには出張していない）、現地の日本人からのメールで情報を得て指示を出すことで会社の運営をしていました。

　早速、筆者は現地に出張して調査を開始しました。財務会計は経理部の日本人の部長と日本人のスタッフの2人で処理していました。「各部署への原価改善の働きかけの活動はどうしていますか」と質問したところ、「原価改善の仕事は経理部の仕事ではありません。財務会計のデータは会社の機密情報です。他の部署に原価の情報を流すことはできません。経理部の2人だけで財務会計のデータを取り扱っています」と回答があり、驚きました。

　この工場には約1000人の従業員が勤務しているのに、原価を低減する仕事は誰も手掛けていない。原価低減に必要な従業員に対して原価の教育もしていない。財務会計の業務は法律上必須ですが、これは期ごとの会社の活動の結果を集計することです。この会社には、結果を良くしたり原価低減したりする活動（原価マネジメント）が行われていないのです。

　続いて、外注部品を調達する調達部の日本人部長にヒアリングを実施しました。この工場では外注部品が原価の80％を占めていました。「外注部品の原価構成はどうなっていますか」と筆者が質問したところ、「部品会社は部品の見積書は出しますが、原価の明細は出しません」と回答がありました。そこで、「価格査定はどのように行っていますか」と聞いたところ、「見積書の価格をベースに決定します」との回答でした。ベトナムで調達した方が低価格な部品が多々あるのに、依然として中国から輸入している部品が数多くあるのです。この点で、中国の部品会社からのリベートが調達関係者に流れていると感じました。

　日本の社長はこのような実態を把握できていなかったのです。このような運営状態では赤字になるのも当然だと思いました。

　当初はこの会社が例外だと思っていましたが、しばらくして、こうした日本企業は数多くあり、

社員全員が原価を考えて仕事をしていないのが一般的だと思うようになりました。

　半期ごと・月ごとの決算を行っているから、うちの会社は大丈夫だと思っている経営者もいます。しかし、半期ごと・月ごとの決算であっても、仕事が終了してから仕事の成果を半期ごと・月ごとに集計しているだけです。こうした経理部は利益を出すための仕事を行っているとはいえません。

　こうした会社の経営者や経理部の仕事は、野球に例えると、野球の勝敗に直接的に関与していないスコアラーです。もちろん、スコアの分析データは次の試合の作戦には有効ですが、野球の勝敗に直接的に関与しているのは選手・コーチ・監督です。

　会社の経営は野球の運営と同じく、従業員・管理者・経営者がQCD（品質、コスト、納期／リードタイム）を業務の中で実現することです。言い換えれば、QCDを考えて業務を変え、付加価値のある業務にすることです。すなわち、業務の改善です。

　企業向けコンサルティング業界では、財務諸表を分析する会計系コンサルタントが主流を占めています。しかし、過去の仕事の結果である帳簿や会計を見て財務諸表を解析し、処方箋を書いてアドバイスを行うだけでは、会社の実態は良くなりません。会社で行われている業務をコスト面を重視した業務へと変革する必要があります。しかも、その対象は全従業員となるのです。これが原価マネジメントです。

　トヨタ自動車の例を挙げると、トヨタ自動車の経理部（または財務部）は、企業会計の業務だけではなく、会社の利益が出るように会社の他の部署へ働きかけて、原価の教育や原価のデータ収集、原価の低減を促す仕事を行っています。利益を出すには経理部の中だけの仕事では不十分であり、会社全体が原価に取り組むように促す仕事を行っています。

　会社のさまざまな組織に属している人たちは、原価を常に考えながら業務を遂行する、即ち業務の改善を行っている——。コンサルタント会社を始めた当初はこれが普通であると考えていましたが、こうした会社（トヨタ自動車）はまれであり、例外に近いと次第に理解するようになっていきました。

　知り合いの税理士に尋ねると、「**会計士**や**税理士**は原価をほとんど知らないし、原価が自分の仕事とは思っていません」との回答でした。確かに、会社の業績を集計・分析する財務会計を担う税理士や会計士は国家資格になっています。会社が儲かるようにすることが大事なのに、会社が儲かるようにする原価マネジメントの概念は認知されていないし、原価マネジメントの資格もないと気づきました。

　原価マネジメントの講演をしたり、会社を指導したりする活動だけでは不十分。もっと広く知ってもらいたいと思い、筆を執ったのが本書というわけです。

1.1.2 儲からない会社の特徴

トヨタ自動車とある会社の業績を比較したのが**図1-2**です。

【財務会計】
20○○年03月 業績予測　　(百万円)

	ある会社	トヨタ自動車
売上高	7,763,446	26,425,915
営業利益	−192,777	1,788,300
経常利益	−237,142	2,261,477
当期利益	−448,592	1,702,446

図1-2 トヨタとある会社の業績比較(作成：筆者)

トヨタ自動車は利益が出ていますが、ある会社は赤字です。経理部の人たちは両社とも有名大学の出身者です(すなわち、人材に大差はありません)。財務会計は一定のルールで集計するため、経理部が優秀だからといって利益が出るということはありません。会社全員の仕事の結果(付加価値)を集計しているため、各社員の仕事次第で利益が出たり、赤字になったりします。各社員の仕事と原価(利益)は密接に結びついています。

では、**儲からない会社**の特徴(弱点)は何でしょうか。次のような特徴(弱点)があります。

儲からない会社の特徴(弱点)
(1) 企画・生産：**内外製**の判断基準(外注のほうが低コスト)
(2) 企画：商品開発時に原価なし⇒かかったコストに利益を上乗せ
(3) 企画：購入部品の原価見積もり(推定)ができず、提示された価格の分析ができない(購入価格の決定で不利になる)
(4) 生産管理：不良を見込んだ上積みの生産計画、例えば、顧客からの受注数の20%増しの生産計画を立てる(2割コスト高)
(5) 工場：原価の内容が分かる管理が行われていない⇒製品別・ショップ別などの原価分析ができない
(6) 企画・設計：設計者が原価を算出できない
(7) 企画・経理：新規事業・新製品の原価企画が不透明
(8) 企画：海外で生産する原価と日本国内での原価の比較分析ができない(国内・海外での調達先の判断を間違える)
(9) 経営・経理：**経済性検討**ができない(将来の投資を間違える)
(10) 経営・経理：自職場や製品別の**変動費・固定費**が整理されていない

(11)経営・経理：会計と**原価マネジメント**の違いが分からない(原価管理とは？)
(12)原価低減を推進しているものの、従業員が何をやってよいのか分かっていない

　会社収益を上げるためにいろいろ行っていても、こうした弱点があると、これらを克服するためには財務会計のデータだけでは不十分です。原価企画から始まる原価マネジメントが必要となります。

1.2　原価マネジメントの概要

　では、原価マネジメントの概要を見ていきましょう。

　図1-3の左にあるQ(品質・性能)では、サービス・商品などの品質・性能・機能・デザインといった機能を顧客に提供して価値を実感してもらい、その対価をもらっています。

　中央にあるC(コスト・利益)では、商品の付加価値を高めたり、業務の付加価値を向上させたりする活動を行います。もう1つは、自社の中でコントロールできる原価を低減する活動です。原価というのはその企業で発生している材料費であったり人件費であったりするため、自分自身の会社の中で改善することができます。

　右にあるDは一般には**納期・リードタイム**と考えられていますが、それだけではありません。時間がたつと自動的に原価は上がります。なぜでしょうか。

　原価の構成には、大きく分けて固定費と変動費があります。固定費は時間がたつと自動的にコストに計上されます。例えば、人件費は1カ月にいくら、設備の償却費は1カ月いくら、

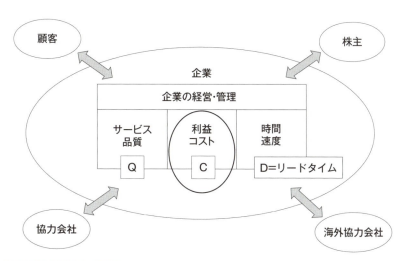

図1-3　企業の経営(作成：筆者)

賃貸料は1カ月いくらという具合に、時間がたつと原価として計上されていきます。時間が経過すると自動的にコストが発生しているわけです。通常は仕事を行っている中で、時間とともにコストを発生させているという実感が湧きません。しかし、実際には「原価＝時間」です。すなわち、時間の概念が大切なのです。リードタイム分析を行うことで時間（リードタイム）を短縮し、原価を下げることができます。

リードタイム分析とは、業務のプロセスを時系列に「見える化」し、各プロセスの業務を**付加価値**の観点から分析するものです。例えば、顧客から注文をもらい、それを受けて生産・販売して、顧客に商品を届けるまでの時間を分析します。さまざまなプロセスを経て顧客に商品を届けています。この業務のプロセスを分析していくことが**リードタイム分析**です。これにより、付加価値を生む仕事と生まない仕事が明確になります。これに関しては**第9章**で詳しく説明します。

会社の経営とは、これらQCDの3つを追求するマネジメントです。現状よりもレベルアップすることで、顧客に付加価値を提供でき、利益を創出することで新製品の開発ができて、株主への還元にも応えられることになります。

自社だけではなく、関連する外注先や部品会社、材料を仕入れる会社、その他の仕事を依頼している会社との協力も必要になります。昨今は日本の会社は海外に販売拠点や生産拠点、サービス拠点を設けているため、そうした海外の会社との協力も必要になります。**サプライチェーン**（供給網）**マネジメント**が会社の経営にとって非常に重要な位置付けになっています。

本書ではC（コスト・利益）に重点を置いて説明しています。しかしながら、このQCDは相互に関係しているため、Q（品質・性能）やD（デリバリー）を考慮しながらコストを低減し、付加価値を高めていくことが必要になります。

このQCDをマネジメントするのが経営者の役割ですが、QCDを作り出しているのは社員全員の仕事です。社員全員がQCDを考慮しながら業務を行う必要があります。社員全員が原価のマネジメントを行いながら業務を改善しなければならないのです。業務そのものが、原価を考えたり、価値を創造したりすることなのです。

1.2.1 企業を取り巻く外部環境

図1-4に示す通り、企業を取り巻く環境は刻々と変化しています。まず**経済環境**から見ていきましょう。日本国内および海外の経済は刻々と変化しており、経済はグローバルに結び付いています。日本の企業の多くは海外に進出して生産・販売しています。当然、為替の変動も企業の活動に大きな影響を与えます。

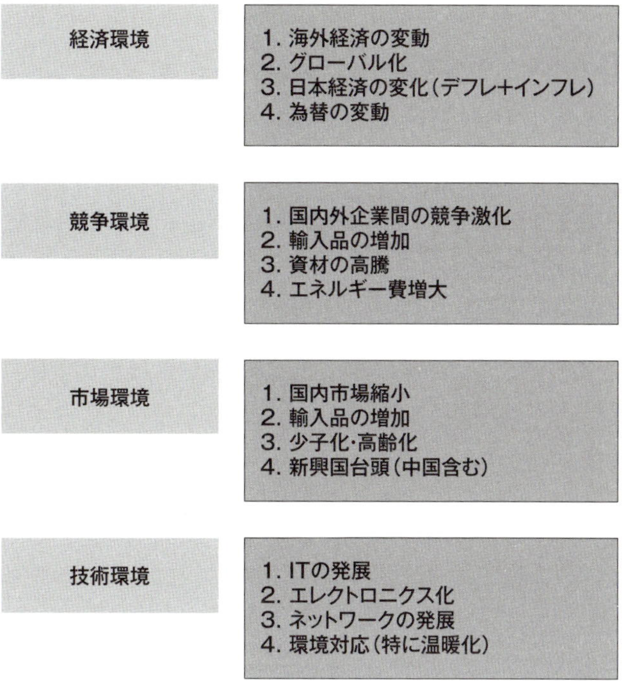

経済環境	1. 海外経済の変動 2. グローバル化 3. 日本経済の変化（デフレ＋インフレ） 4. 為替の変動
競争環境	1. 国内外企業間の競争激化 2. 輸入品の増加 3. 資材の高騰 4. エネルギー費増大
市場環境	1. 国内市場縮小 2. 輸入品の増加 3. 少子化・高齢化 4. 新興国台頭（中国含む）
技術環境	1. ITの発展 2. エレクトロニクス化 3. ネットワークの発展 4. 環境対応（特に温暖化）

図1-4 企業を取り巻く環境（作成：筆者）

　続いて、**競争環境**です。日本の企業は国内だけではなく、海外の商品や海外企業とも競っています。物価・資材・エネルギーの高騰もあります。各国の優遇政策が出されることもありますが、基本的にはQCDを追求している企業の方がより大きな恩恵を受けます。

　次に、**市場環境**の変化です。グローバルで市場環境の変化をつかみ、商品力を維持または向上させる必要があります。日本の市場はそれなりに大きいのですが、それ故にグローバルで好まれる商品・サービスを生み出す業務が脆弱です。力はあるものの、グローバルな観点が抜けているといった方がよいのかもしれません。

　最後に、**技術環境**です。昨今技術の発展は急激であり、日本の個々の技術は依然としてある程度の力があります。しかし、グローバルな技術力に対抗する協力体制を構築し、それを総合的にまとめ上げて、世界を席巻するビジネスとすることについては、まだまだこれからの課題です。

　以上4つの外部環境の変化を説明しましたが、これらの環境はこれからも必ず変化します。徐々に変化する場合もありますし、急激に変化することもあります。ある商品でシェアが取れたからといって、その後も取れるとは限りません。成功体験があだとなることも多いのです。環境は常に変化をする。この変化に対応することが必要です。

　外部環境の変化に対応するためには次の2つが重要です。1つ目は、**商品開発**です。変

化を先取りし、魅力のある商品を開発することです。日本の企業は特にグローバルなニーズを取り込んだ商品・サービスを生み出す必要があります。

　2つ目は、**価格競争力**です。商品の原価は商品を企画するときに同時に検討する必要があります。この際に原価の大半が決まりますが、商品を企画する人たちが原価を検討したり計算したりすることができる会社は、非常に少ないというのが実態です。商品の企画時に決めた原価、すなわち目標原価を具現化していくのが開発・設計者です。設計者は原価を計算しながら設計する必要がありますが、肝心の設計者も原価に疎いというのが実情です。

　ある有名な米国の飛行機製造会社の設計者は原価の計算は行いません。性能だけを追求して設計します。原価を計算するのは設計が終わってから2年後で、経理部の人たちが計算を担当します。ところが、そこで原価を下げようにも、開発は完了しているため原価は下がりません。案の定、量産を始めると赤字になりました。

　また、設計完了後の工程計画・設備計画の業務では、設備投資・生産性・品質などの検討を行い、原価が最も小さくなるように検討しながら進めます。量産開始後は、工場の関係者がさらに原価低減を進めます。こうした活動を行って価格競争力を上げ、他社に負けないようにするのです。

1.2.2　魅力のある商品開発の例

　ここからは魅力のある商品開発の例を見ていきましょう。1つ目の例はクルマです。
　図1-5の上の段は、箱型の商用車の進化の経緯です。大切な商品を運ぶのに、当初はトラッ

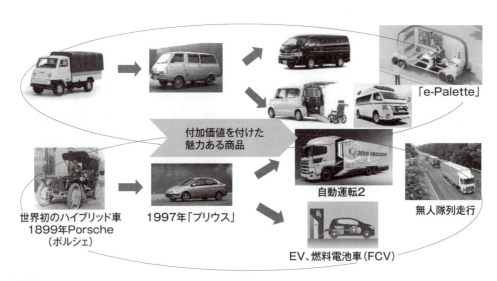

図1-5　魅力のある商品開発例：クルマ（トヨタ自動車とドイツPorscheの写真を基に筆者が作成）

クの荷台に幌をかぶせて運んでいましたが、この仕事に適したクルマとして、箱型の商用車（トヨタ自動車の場合は「ハイエース」）を新商品として開発しました。

このクルマは多用途に活用できます。商品運搬用や工事車両用、多人数が乗れる乗用車など、多方面で使用されています。日本だけではなく、世界各国で使われています。また、荷室の容積が大きいため、救急車やキャンピングカーなどの特装車にも使われています。今後は、トヨタ自動車のMaaS（Mobility as a Service：モビリティサービス）向け次世代電気自動車（EV）「e-Palette」などのように、どのような発展をするか今後の環境変化、特に市場の変化を見通して商品開発を進めることになります。

図1-5の下の段は、**ハイブリッド車**（HEV）の進化の経緯です。実は意外と歴史は長く、100年以上前から開発されています。その当時は2次電池などの技術力が未熟で時期尚早だったのでしょう。初めて商業生産を開始したのはトヨタ自動車の「プリウス」です。

これは当時、開発の総責任者だった副社長から筆者が直接聞いた話です。トヨタ自動車はEVを長年開発していましたが、当時の技術では商品化には無理がありました。特に2次電池の性能が低く、充電後の航続距離が短かった。これでは消費者の満足を得られません。しかし、将来はEVが有望である。2次電池の性能が向上するまでの間、エンジンとモーターを活用したハイブリッド車がカバーすれば市場もあるはずだ——と。

初代プリウスは原価企画の結果は大幅な赤字でした。それでも、環境対応のため、そしてハイブリッド車の将来の市場を開拓するために、赤字でも開発して市場に出そうと決断されました。2代目、3代目とプリウスは受け入れられて黒字になりました。また、他の車型にもこのハイブリッドシステムがどんどん取り入れられています。これからのクルマは人工知能（AI）を取り入れた自動運転車に発展する可能性もあります。

魅力のある商品開発の例の2つ目は携帯電話です。

当初の携帯電話は重く、肩に担いで電話をかけるというタイプでした（**図1-6**）。クルマに搭載する携帯電話もありました。その後、半導体・通信技術の発達により、現在のスマートフォンが開発されました。現在は第4世代と第5世代の携帯が使われています。しかし、この間の発展の中で日本の携帯電話は衰退し、現在は米国と韓国、中国が主流となっています。日本の市場のみを考慮して開発したために、グローバルな市場を確保できなかったのです。

魅力のある商品開発の例の最後はパソコンです。PCも以前は日本にかなり競争力がありましたが、技術の進歩とともに性能が上がる一方で、価格は下がることとなりました（**図1-7**）。日本勢はシェアを落とし、現在は米国と韓国、中国が主流になっています。

こうしたハイブリッド車と携帯電話、パソコンの3つの例から分かる通り、日本にはある程度の技術はあるものの、携帯電話とパソコンでは海外市場の調査が不十分だったか、も

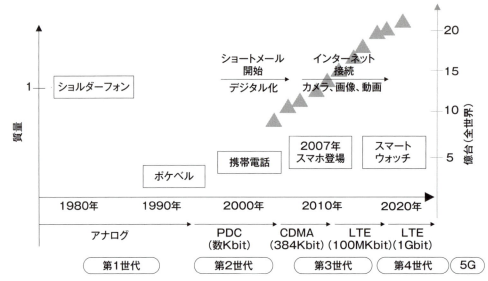

図1-6 魅力のある商品開発例：携帯電話（作成：筆者）

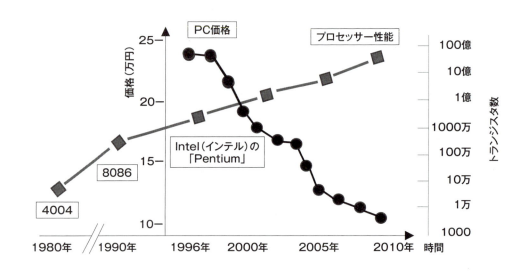

図1-7 魅力のある商品開発例：パソコン（PC）（作成：筆者）

しくは商品の開発に遅れが出たのだと思います。

では、日本の企業が存続し、発展するためにはどうしたらよいのでしょうか。先ほど携帯電話とパソコンの例で述べた通り、環境変化に適合したもの、すなわち進化したものが生き残ります。つまり、**図1-4**で説明した環境変化に対応していく企業が存続するというわけです。

一般に、衰退する4つの要因があります。1つ目は「デジタル化」です。多くの物事がデジ

タル化され、商品・サービスがインターネット上で展開されています。2つ目は「コネクテッド化」です。多くの商品・サービスがインターネットに接続することで機能を向上させています。

3つ目は「シェアリング」です。物を所有することから体験型に変わってきています。体験することに付加価値を感じるように変化しています。そして、4つ目は「パーソナライズ化(個別化)」です。さまざまな商品やサービスが個人のニーズに合わせて多様化しています。これらの変化に適合するか、あるいは変化に合わせて進化しないと、企業は淘汰されてしまいます。

1.3　原価マネジメントと財務会計の違い

原価マネジメントと**財務会計**の違いを示したのが**図1-8**です。

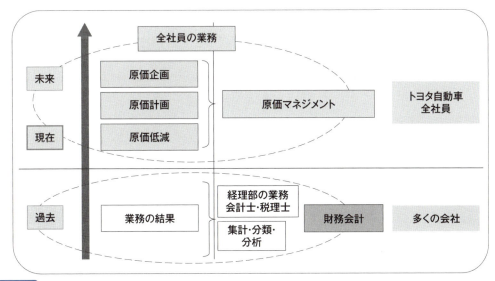

図1-8　原価マネジメントと財務会計の違い(作成：筆者)

財務会計は過去の業務の経理的(金銭的)な面を集計して分類したものです(**図1-8**の下段)。これが企業の**決算報告書**です。過去の成績表となります。ところが、業績が悪かったからといって、過去に遡って良くすることはできませんし、過去に遡って社員の仕事をやり直すこともできません。財務会計の限界はここにあります。次期の会計年度でリカバリーの手段を打つことはできますが、原価を下げたり利益を生み出したりするための方法ではありません。

原価マネジメントは**図1-8**の上段部分です。現在行っている仕事および未来を決める仕

事の中で、原価を下げたり利益を創造したりすることができます。仕事の中で**原価企画・原価計画・原価低減**を実施するようにすることが原価マネジメントです。社員全員が仕事をしているため、全員が原価を考慮した仕事を行うことが必要になります。

つまり、財務会計だけでは利益を生み出せません（**図1-9**）。利益を創出するためには原価マネジメントを行わなければならないのです。事実、トヨタ自動車はこれまで原価マネジメントによって継続的に利益を出し、企業を成長させ続けてきました。

トヨタ自動車の原価企画では、外部環境の変化に対応するためにさまざまなスローガンで危機意識を植え付け、いろいろな方策を用いています（**表1-1**）。

スタッフ系、エンジニア系、生産系を問わず、トヨタ自動車に入社すると、原価の教育を受けます。**図1-10**は製造系の新入社員向けの教育内容です。そして、**図1-11**はスタッフ系およびエンジニア向けの教育です。

このように、トヨタ自動車では入社時点から原価について教育を行っています。また、その後、新入社員は各部署に配属されて業務を担当します。そこでは、各職における原価教育も実施し、原価を考えながら仕事を行う習慣を身に付けます。こうして、自然と原価を考えながら業務を遂行することができるのです。要は、トヨタ自動車では原価の躾が行われるというわけです。

図1-9 利益の創造に必要なものとは？（作成：筆者）

表1-1 トヨタ自動車の原価企画の歴史（作成：筆者）

	1966年	1973年	1974年	1991年	2002年	2008年
外部環境	大衆車の開発	オイルショック（原価の高騰）	←	バブル崩壊	ITバブル	リーマンショック
原価企画	技術の原価機能の発足	目標原価の必要性	原価企画の充実	原価企画の強化	業務プロセスの革新・原価の革新	良品・廉価なものづくり
原価の施策	量産の原価低減（VE）		原価企画委員会創設	VEセンター・CCC21活動	BT2スタート（業務改革）EQ推進部（開発部署内）・原価教育	BR-VI室発足・VA開発部発足

VE：Value Engineering、CCC21：Construction of Cost Competitiveness 21、BT2：BREAK THROUGH TOYOTA（打倒トヨタ）、EQ：Excellent Quality、BR-VI：Business Revolution Value Innovation、VA：Value Analysis

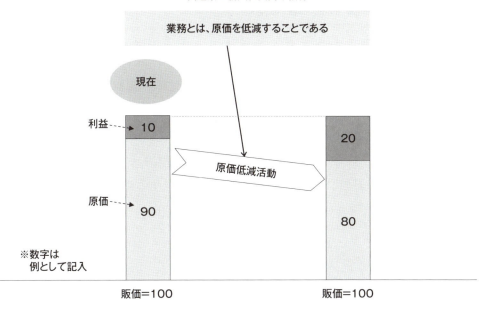

図1-10 製造系の新入社員教育（作成：筆者）

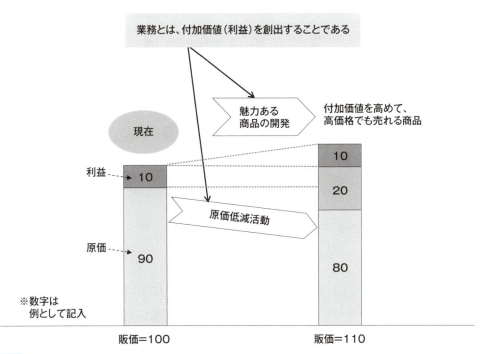

図1-11 スタッフ・エンジニア系の新入社員教育（作成：筆者）

1.4　業務と原価のプロセス

　企業の主な業務の1つは、新商品の開発から生産・販売です。もう1つは新規プロジェクトです。例えば、海外に新会社を設立し、生産・販売の拠点を設けるといったものです。どちらにせよ、莫大な金銭投資と人員の投入を行わなければならず、企業は大きな経営判断・決定を迫られます。失敗すると企業の利益が激減したり、経営が危うくなったりします。

　当然、これら2つは、企業の将来の利益を確保したり増大させたりするための業務です。それ故に、利益が出るようにプロジェクトを企画して推進する必要があります。その業務のプロセスは多数あり、多くの部署が関与します(**図1-12**)。

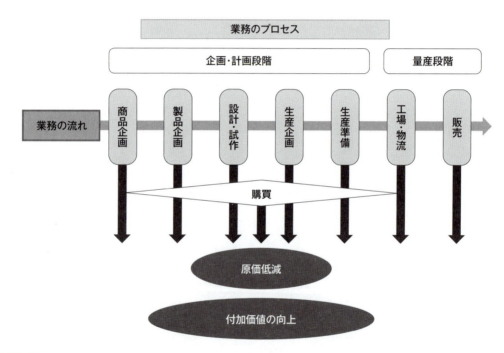

図1-12 業務のプロセス(作成：筆者)

　原価低減を行ったり、付加価値を向上させたりして、利益が出るようにしなければなりません。各業務と原価に関する業務(原価マネジメント)は**図1-13**の通りです。

　各業務と原価の業務は対になっています。各業務で原価を検討することも業務の中に含まれているのです。これらの原価企画から始まる業務での原価低減額はトヨタ自動車の決算報告書で開示されていますので、ぜひ確認してみてください。

工場の原価低減額は、年によって変動はありますが、年間約500億円程度になります(**図1-14**)。大半は工場の組長や班長を中心としたTPSによる原価低減活動の成果です。

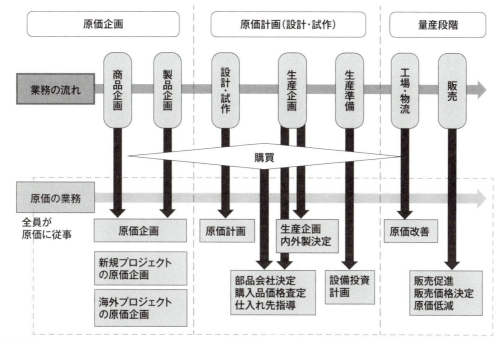

図1-13 各業務と原価に関する業務(作成:筆者)

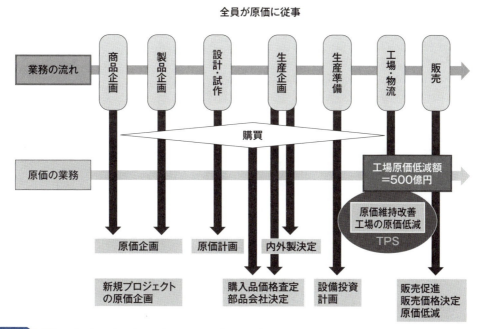

図1-14 原価マネジメントによる工場での成果(作成:筆者)

図1-15は、スタッフ・エンジニアを含めた原価低減額です。これは年間5500億円程度になります。

　このように、原価マネジメントはトヨタ自動車の利益の重要な部分を占めます。また、先ほど説明したように、業務のプロセスは多数あり、多くの部署が関与します。通常、企業の組織は営業、開発設計、生産技術、品質保証、人事、経理など、機能別組織になっています。機能別組織のトップが副社長という会社も多いと思います。部署間の壁があったり、摩擦が生じたり、検討の抜け落ちがあったりします。全体をうまくマネジメントする必要があります。

　トヨタ自動車では、縦の組織（機能別組織）とQCDを達成させる横からの会議体（または委員会）で原価をマネジメントしています。縦糸と横糸から成る布のような運営体です。筆者はこれを**Woven Management**（**ウーブン・マネジメント**）と呼んでいます（**図1-16**）。

　図1-16のように、各組織に横串を刺すこうした会議体・委員会制度・チーフエンジニア（CE）制度を設け、縦糸組織の運営の弊害を取り除いているのです。こうした会議体の委員には各機能のトップ・副社長・専務などが就任します。つまり、経営者は機能別のトッ

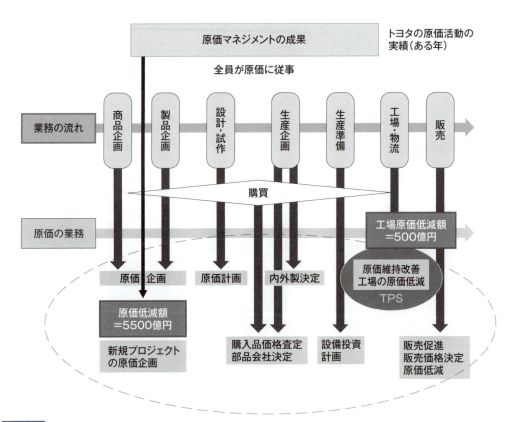

図1-15 原価マネジメントの成果（作成：筆者）

プであり、横串である会議体の委員にも就任しているため、縦組織の欠点である組織間の摩擦を軽減でき、また組織間の協力体制も構築することができるのです。なお、会議体の事務局は経理部が担当します。

それでは、トヨタ自動車の経理部の業務を見てみましょう。経理部は二手に分かれて、原価マネジメントと財務会計を担当します(**図1-17**)。

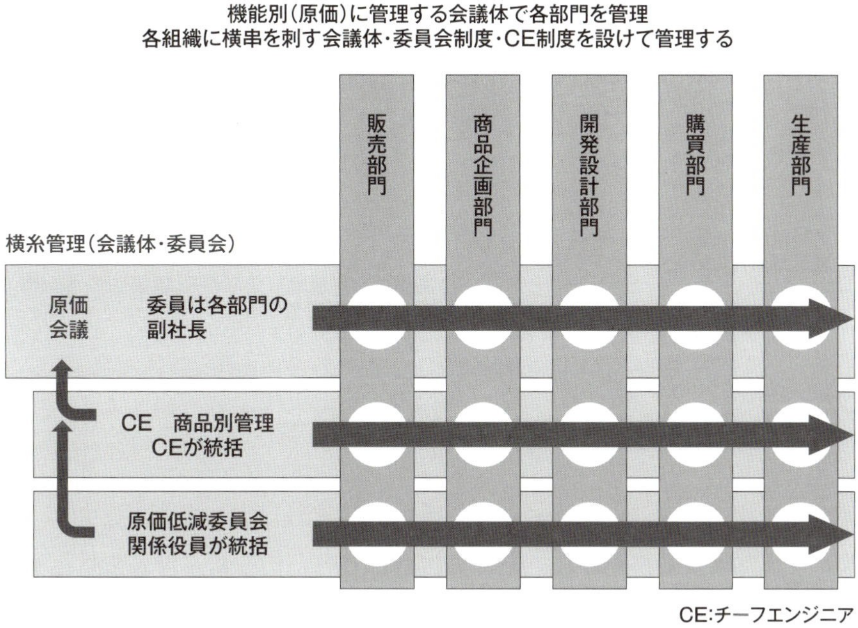

機能別(原価)に管理する会議体で各部門を管理
各組織に横串を刺す会議体・委員会制度・CE制度を設けて管理する

図1-16 トヨタ自動車の原価マネジメントの方法「Woven Management」(作成：筆者)

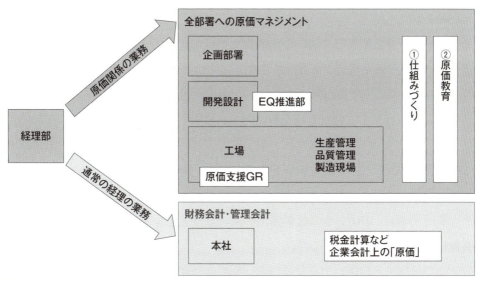

図1-17 経理部の活動範囲(作成：筆者)

経理部は会議体を駆使しながら各組織の原価に関する業務を横からマネジメントすると同時に、各組織に対して原価の教育や原価の意識付け、原価の集計システムなどのサポートをしています。特に、開発設計部門には原価の支援を行うための組織（EQ推進部）を設けています。加えて、各工場には原価支援グループの組織を設け、工場の原価低減や予算管理などをサポートしています。経理部は**図1-18**のように二手に分かれて活動しています。

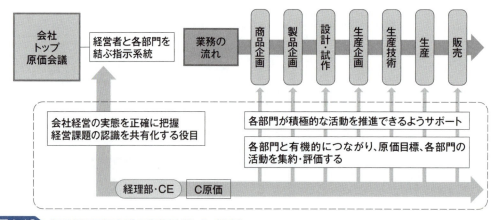

図1-18 経理部は原価会議の事務局（作成：筆者）

　経理部は原価会議の事務局として委員（経営者）と各部門を結ぶ役目を果たすとともに、各部署に対して原価の目標値を定めたり、目標値の達成の支援をしたりします。
　業務とは付加価値を生むことです。原価の会議体（委員会）をつくり、縦の機能別の組織を横断的にマネジメントする方法で原価の管理を行っています。この最高決定機関が**原価会議**となります。
　トヨタ自動車が製造業として強い企業基盤を築いて世界的に成功している理由は、原価の目標を定めて、それを実現する仕組みをつくっていることにあります。さらに、次の3つの仕組みを取り入れて、全員が参画する形でQ（品質・性能）、C（コスト・利益）、D（納期・リードタイム）を改善する文化・習慣を構築しています。

(1) **トヨタ生産方式（TPS）：Toyota Production System**

　TPSは、品質および生産性を高める仕組みです。ただし、TPSは今や世界の常識となっており、米国・韓国・中国・その他新興国のメーカーも積極的に取り組んでいて、生産工場の品質レベルが進んできています。
　この分野の最高決定機関は生産会議（歩合会議）となります。

(2) トヨタ流開発システム(TDS)：Toyota Development System

　TDSは、売れて儲かる商品を開発する仕組みです。トヨタ自動車が自動車業界の中で継続して優位性を保っているのは、「顧客のニーズを的確に捉え、満足してもらえる魅力ある商品」を企画し、タイムリーに開発する優れた製品開発力を持っているためです。

　この分野の最高決定機関は製品企画会議となります。

(3) トヨタ流原価マネジメントシステム(TCMS)：Toyota Cost Management System

　TCMSは、利益を出すための全社体制、すなわち全員が原価を考えて各業務を遂行する仕組みです。業務とは付加価値を生むことです。原価の会議体（委員会）をつくり、縦の各機能別の組織を横断的にマネジメントする方法で原価の管理を行っています。

　この分野の最高決定機関は原価会議となります。

第2章

原価とは

CHAPTER 2　原価とは

　原価マネジメントでは、原価を改善させることで企業の利益を創出します。原価の本質を捉え、業務と原価を対にして現在の業務を改善しなければなりません。本章では原価マネジメントを行う上で必要な原価とは何かについて解説します。

2.1　原価の考え方

　まず、原価とは何でしょうか。販売店に行くと商品に値札があり、売値（販売価格）が表示されています（図2-1）。原価とは、売値から利益を引いたものでしょうか。利益額が必

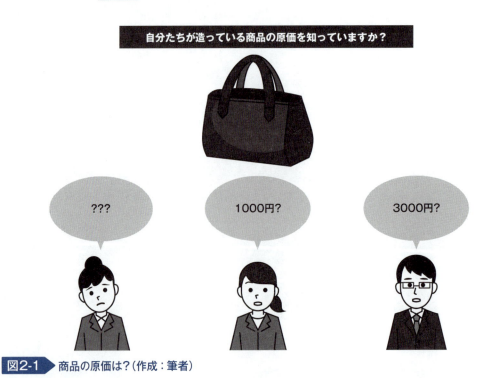

図2-1　商品の原価は?（作成：筆者）

要なのに、これでは利益がすぐには分かりません。では、原価はかかった費用のことでしょうか。そうです。商品を製造したり、販売したり、かかったりした費用が原価なのです。

原価が分かれば**利益＝売値－原価**で利益が出ます。市場経済なので、商品の付加価値が同一であれば、売値は市場が決めます。利益を増やすには、原価を低減する必要があります。あるいは、付加価値を上げて、高い売値を受け入れてもらえる商品にします。これも利益が増大します。

原価マネジメントとは、利益を増大させるために、売値（商品価値）と原価を作り上げていく業務です。

企業の仕事は、利益を増大させたり、商品価値を高めたりすることです。しかし、残念ながら仕事と原価（あるいは付加価値）の関係を自覚しながら仕事をこなしている人は少数です。さまざまな部署があり、それらの部署ごとにさまざまな仕事がありますが、各々の仕事における原価は計上していません。そのため、原価について明確に分かっている人はまずいません。

従って、「原価を考えずに仕事をする→原価が上がる→利益が出ない」ということになります。

まず、原価はかかった費用なので、費用の分類と明細を会社の中で決めて集計することが必要になります。費用の分類を費目といいます。この費目ごとに集計したものが原価です。

図2-2 商品原価の構成（作成：筆者）

図2-2の素材費、労務費、償却費、稼働費、補助部品費が費目です。この費目については業種によって考え方が異なります。その会社が使いやすいように決めるので、会社ごとに違いが出ます。本書では一般的に使用される費目の分類や集計方法で原価を説明したり計算したりしています。

図2-2の例では売値が1500円なので、原価の合計が1000円の場合、「利益＝売値(1500円)？原価(1000円)」となり、利益は500円です。ここで、注意しなければならないことがあります。本当に原価が正しく把握されているのか、費目またはかかった費用が抜け落ちていないか、費目ごとにかかった費用が計上されているか、といったことです。これらの費用を適切に把握しないと、利益を正しく把握することができません。また、ある時期は特売で10%値引きしたといった変動があるので、売値も適切に把握する必要があります。

こうした売値や原価の実績を把握した原価を**実績原価**といいます。実際の売値や実績の原価は日々変動します。実績原価は下記の式になります。

実績利益＝実績売値－実績原価

実績原価の費目のうち償却費についてですが、例えば、プレス用金型（プレス型）や樹脂用金型（樹脂型）は商品モデルを生産している期間は使用しますが、財務会計上では型の償却費は2年で償却し、3年度からはゼロにします。内製部品は3年目から型償却費の分、低くなります。

購入部品の購入価格もこのような方法で値段を決めて購入するので、購入部品の価格は3年目から低くなります。他の費目である開発・設計費用も商品モデル期間ではなく、単年度で償却処理します。また、生産量が変動すると原価が変わります。

多くの企業は財務会計システムを利用して、このような財務会計上のデータ処理を行っています。実績原価は会計年度ごとに、または時期によって大きく変動します。その時点での財務会計を算出するのには適していますが、原価を考えながら原価企画・原価計画・原価低減を行う業務には、財務会計のような考え方とこれを基準とした原価の計算は適していません。

また、会社によっては、経理部が行っている財務会計に基づいたデータが正しいと考えて、それらのデータを基にして全社の各業務に展開しなければならないと決めているところもあります。しかし、こうした原価の計算方法では多くの部署は正しい原価の判断ができません。原価は日々変動するので、原価を考えた業務を遂行するには不向きです。

図2-3に原価マネジメントを、**原価企画段階、原価計画段階、原価低減段階**の3段階に大きく分けて示しました。それぞれの段階で、原価を把握し、原価を改善する、仕事の付

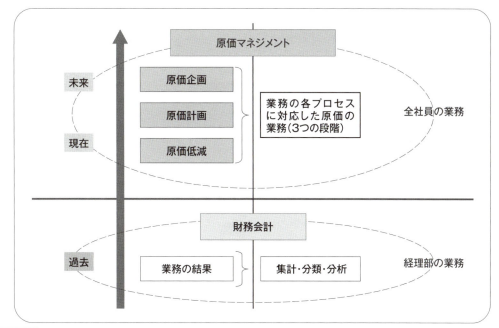

図2-3 原価マネジメントの3つの段階（作成：筆者）

加価値を高めて利益を向上させることに重点を置いています。儲けることが原価マネジメントです。原価マネジメントは、社員全員の仕事です。財務会計は業績の集計と分類で経理部の仕事です。ここに大きな違いがあります。

　原価マネジメントでの原価の捉え方、原価の計算は財務会計とは違った方法を取り、業務内容に応じて原価の計算方法を変えます。原価の捉え方・計算方法・計算値は業務によって違いがあるので使い分けます。原価の検討に使うデータは財務会計と原価マネジメントとでは異なるので、同じ数値を使用してはいけません。財務会計と原価マネジメントとは全くの別物と解釈してください。

2.2　原価の多面性

　トヨタ自動車の経理部は財務会計と原価マネジメントの両方を担当しています。そこでは**原価は七色である**と教えられます（**図2-4**）。
　すなわち、トヨタ自動車の経理部は、仕事の内容に応じて原価の捉え方や計算方法を変える原価計算方法を採用しているのです。会社の業務に応じて**図2-5**のように使い分けています。

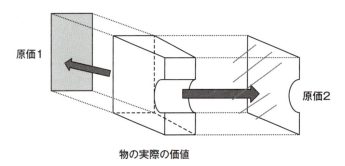

図2-4 原価は七色（作成：筆者）

図2-5 主な原価の使い分け（作成：筆者）

2.2.1 主な原価の捉え方

　原価には複数の原価の捉え方があります。原価で使われる主な原価の捉え方は**表2-1**のように4種類あります。詳細は**第4章**で説明しますが、ここでは4種類の原価の捉え方を見ていきましょう。

(1) 生産量による原価の変動

　変動費と固定費に分類し、生産量による原価の変動を分析します。この算出方法は、業務の中で最も頻繁に使われます（**第4章4.2項**で詳しく説明します）。

(2) 対象とする原価の範囲

　原価低減時や**VE**（Value Engineering：価値工学）・**VA**（Value Analysis：価値分析）の検討時に使用する全体の原価ではなく、対象を限定して原価を算出する差額原価を計算

表2-1 主な原価の捉え方（作成：筆者）

	種類	内容	管理での使い方の留意点
(1) 生産量による原価の変動	変動費	・生産量によって発生費の総額が変わる	・費目で必ずしも決まらない
	固定費	・生産量によって発生費の総額が変わらない	
(2) 対象とする原価の範囲	差額原価	・各種の代替案で変化する原価 ・変更部分のみの原価	・差額原価は、効率的に算出できると必要なもの以外の原価の変動要素を除くことができる
	全部原価（絶対原価）（フルコスト）	・全ての費用を含めた原価	
(3) 意思決定による原価の変動	可変費	・意思決定により変化する費用	・経済性検討（損得計算）での分け方 ・長期で見るか、短期で見るかを考えることが必要（既存設備も長期で見れば更新される）
	不変費（埋没原価）	・意思決定により変化することのない費用（既存設備の償却費）	
(4) 原価の基となる条件の違い	実績原価	・価格、使用量、生産個数当たりを実績に基づき計算した原価	・用途に応じて使い分ける必要がある 例）実績原価の中には、該当期間に特別に発生した費用が含まれることがある
	標準原価	・標準的な生産条件等を前提とした原価	
	予想原価	・将来の価格、使用量生産個数等の予想に基づき計算した原価	

する方法です。差額原価だけでは誤差が出るので、再計算して全体の原価を算出する方法が絶対原価(フルコスト)です。

(3)意思決定による原価の変動

経済性検討ともいいます。各案を比較し、利益または損失の増減を考慮して、経営判断・方針決定を行います。注意点は(1)や(2)や(4)の原価計算の方法とは全く違う観点で利益または損失の増減を考慮することです。複数の案を比較検討し、利益が最大になる案件を選んで意思決定します。この際、**可変費**と**不変費**（**埋没原価**）に分類し、資金の出入りを検討しながら各案を分析します。

(4)原価の基となる条件の違い

主な条件は、①**実績原価**、②**標準原価**、③**予想原価**です。

2.2.2 原価の明細・費目

費用の発生状態（製品との関連や費用の性格など）と原価の管理、原価の分析のしやすさの観点から、適切な費目に原価を分類・集計する必要があります。適切な費目は会社によって違いがあります。トヨタ自動車の原価の費目は**表2-2**の通りです。

表2-2 トヨタ自動車の原価の費目（作成：筆者）

		分類の考え方	例
直接材料費	素材費	加工を伴う材料で製品1個当たりの使用量が個別に把握できるもの	鋼板、棒鋼、塗料など
	購入部品費	外部から調達する部品・ユニット	タイヤ、ラジオなど
	ASSY購入費	ASSYメーカーの材料費、加工費など	モジュール（部品集合体）
	仕損費・処分費	実際原価への補正	材料不良、加工不良、スクラップの残存価値
加工費	労務費（製造部門の費用）	人件費	賃金、賞与など
	減価償却費（製造部門の費用）	設備・建屋など	償却費
	間材費・工具特定経費（製造部門の費用）	加工に直接・間接的に要する費用で製品1個当たりの使用量が個別に把握しにくいもの	補助材料、保全費、用役費、消耗性工具など
	補助部門費	生産に対して補助的役割を行う部門の費用	生産技術・生産管理・工務の費用
	試験研究費	研究開発部門の費用	技術の費用
製造原価			（車両製造原価の費目の例）

2.2.3 原価の費目の実績把握（トヨタ自動車のプレス工場の例）

ここからは、トヨタ自動車のプレス工場を例に、実際の原価の費目を見ていきましょう。

図2-6の工程で素材費の費目が発生しているので、この実績を把握します。各工程で使用した素材費、スクラップ費（質量で把握）、不良で廃棄した費用などを各部品の生産ロットごと（約2時間）に把握します。

償却費の費目は、**図2-7**のように、建屋や設備ごとに把握します。

労務費の費目には、生産ラインの作業者（ライン作業者）の直接労務費や、間接労務費である運搬要員・保全要員・改善要員などの労務費があります。また、社員や技術者など間

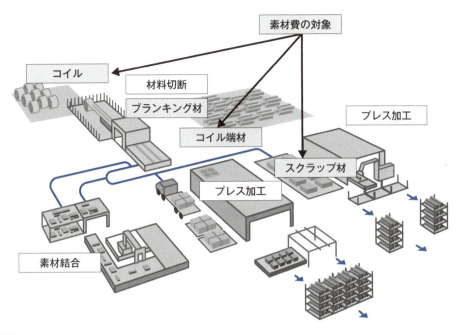

図2-6 プレス工場の例：素材費（作成：筆者）

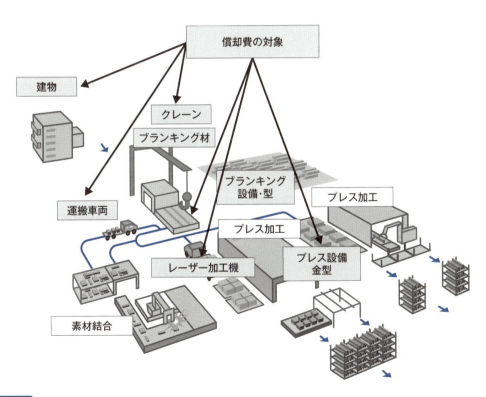

図2-7 プレス工場の例：償却費（作成：筆者）

接部門の労務費も把握します。

その他の費目も把握して、生産ロットごとの原価を合計します。こうして、**図2-8**のように各部品の実績原価を把握するのです。

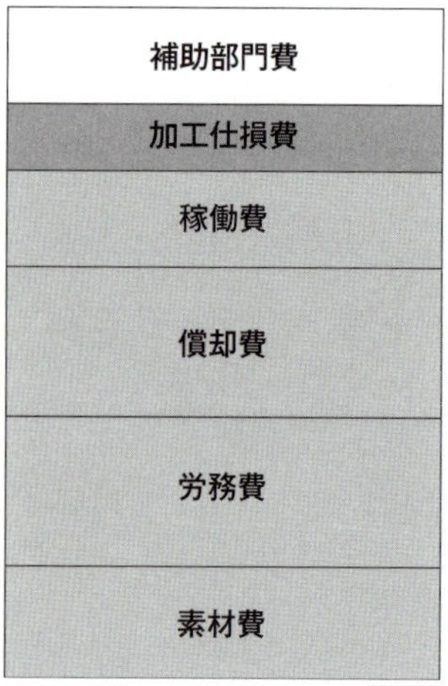

補助部門費
加工仕損費
稼働費
償却費
労務費
素材費

図2-8 プレス工場の例：各部品の実績原価（作成：筆者）

第3章

業務のプロセスと原価の関係

第3章 業務のプロセスと原価の関係

　企業の新商品開発や新規事業などのプロジェクトでは、完了するまでに大まかな業務のプロセスがあります。各組織の社員がプロセスごとに業務を担当していますが、それぞれのプロセスで、最良の原価になるように原価を検討する業務を対にして行う必要があります。すなわち、現在の業務に原価の業務を追加し、付加価値を高める必要があるのです。本章では業務のプロセスと原価の関係について解説します。

3.1　企業の経営と業務プロセス

　企業の経営とは、顧客に提供する商品・サービスの品質(Q)、原価・利益(C)、デリバリー・納期(D)の各価値を最大限に高めることです(第1章**図1-3**参照)。顧客に提供する商品・サービスの品質と納期のお礼として、売り上げ(収益)が得られます。
　また、外部環境の変化にも柔軟に対応していかなければなりません(第1章**図1-4**参照)。

　ここで、よく勘違いされているのは下記の式です。

　×　売値＝原価＋利益
　〇　**利益＝売値ー原価**

　性能・品質が等しい場合は、売値は市場が決めます。利益を確保するとは、原価を創造することです。
　では、会社の業務を見ていきましょう。
　商品(製品)開発から生産・販売へと業務は循環しています。QCDを人の管理を含めてマネジメントすることが会社の経営です(**図3-1**)。商品(製品)開発から生産・販売までの

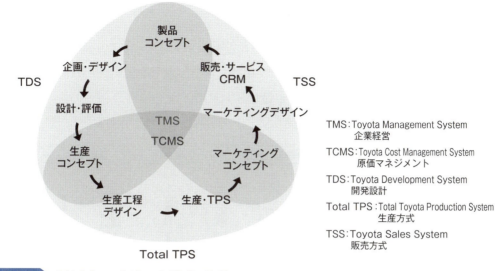

図3-1 会社全体のマネジメント（作成：筆者）

業務の中の原価をマネジメントするのが「原価マネジメント」です。筆者はこれを**TCMS (Toyota Cost Management System)** と呼んでいます。

商品（製品）開発から生産・販売までの業務をさらに分解したプロセスが**図3-2**です。

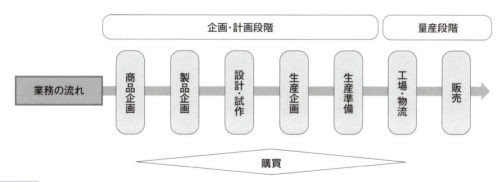

図3-2 分解した業務プロセス（作成：筆者）

商品企画から生産を経て販売に至るまでの業務プロセスを、時系列で直線的に表現しています。商品（製品）を販売した市場の動向や顧客の評判をフィードバックし、次の商品（製品）の改良と新商品（製品）の開発にしていくために、これらの業務をスパイラル式に循環させながらステップアップしていきます（**図3-3**）。これらの業務を実施するための**機能別組織**があり、トヨタ自動車の場合はスタッフ（事務系社員）、技術員（エンジニア系社員、技術者）、

技能員（製造系社員、作業者）から構成されています。社員全員がそれぞれの仕事を担当しています。

原価を考えた業務にすべきなので、各業務と各原価マネジメントは対になっています。全員が業務を担当しているため、経営者や経理部だけの仕事ではなく、社員全員がその仕事にふさわしい原価マネジメントを行う必要があります。

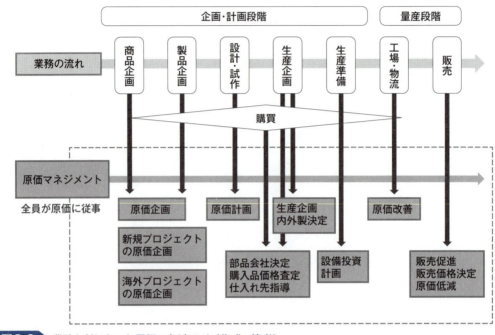

図3-3 業務と対になった原価マネジメント（作成：筆者）

業務とは、**図3-4**で示すように付加価値を創出することです。

付加価値の創出には、一般に2つの方法があります。1つは、90円の原価を80円に下げて利益を10円増す「原価低減活動」です。もう1つは、市場で受け入れられる付加価値を商品に付与して100円の売値を110円にする商品企画時の「原価企画」の業務です。

では、トヨタ自動車の原価マネジメントでどれくらいの利益が得られるのでしょうか。毎年のおおよその創出額は**図3-5**に示す金額になります。

年度によって原価の低減額の増減はありますが、工場の原価の維持・改善額はトヨタ生産方式（TPS）の活動で約500億円です。原価企画段階から生産・販売段階までの原価マネジメントによる低減額は約5500億円です。会社の利益の大きな割合を占めています。

原価マネジメントにおける業務は大まかに3段階に分けられます。(1) **原価企画**段階の業務、(2) **原価計画**段階の業務、(3) **原価維持・低減**段階の業務——です。

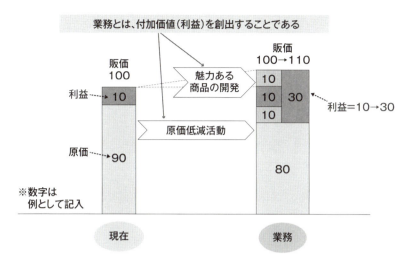

図3-4 付加価値のある業務（作成：筆者）

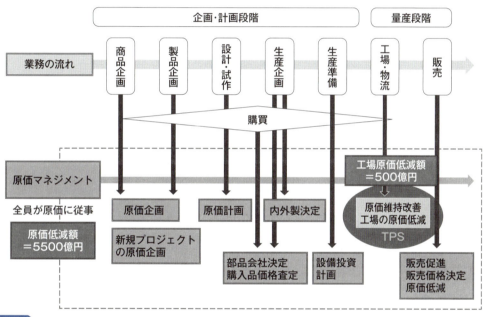

図3-5 原価マネジメントによる企業全体の原価低減額（作成：筆者）

(1)原価企画段階の業務

商品企画、製品企画または新規プロジェクトの企画段階で、市場調査や商品企画、製品企画時の原価マネジメントを行います。

(2)原価計画段階の業務

開発・設計段階の計画・具現化段階で、開発・設計時や工程設計時などの原価マネジメントを行います。

(3)原価維持・低減段階の業務

量産開始後の原価維持と原価低減を行います。販売時には原価低減のための原価マネジメントを実施します。

3.2　仕事の「見える化」と自工程完結

　ここまでは大まかな業務のプロセスを説明しました。続いて、もう少し細部の業務プロセスを見ていきましょう(**図3-6**)。

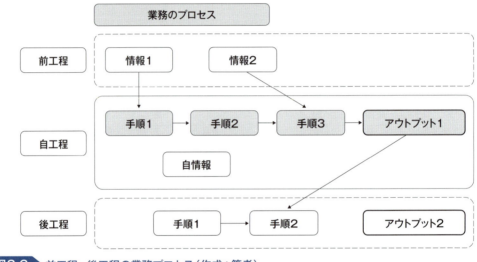

図3-6　前工程～後工程の業務プロセス(作成：筆者)

　我々は業務を行う際に、前工程のさまざまな組織や会社の外部から情報を取り、**図3-6**に示す「手順1」から「手順3」のような手順によって、仕事の成果物「アウトプット1」を完成させます。その後、後工程である他の部署にそれを伝達し、後工程がその情報を利用しながら加工を行って、別の形の成果である「アウトプット2」の業務を行います。

　ここで、手順1から手順3までの仕事のやり方が適切か、前工程からの情報が適切か、後工程の情報・知識・経験知が正しいか、適切に利用できているかなども、仕事の成果に影響します。例えば、仕事の成果の確認、すなわち「検査」は通常は自工程の上司が実施します。しかし、上司が忙しかったり、確認の方法が不明確であったり、確認の能力がなかったりといった理由で検査が不十分な場合、成果物「アウトプット1」は不完全なまま後工程に流れていきます。

こうして、間違った情報によって後工程で業務が行われてしまうと、「アウトプット2」の業務は誤った状態になってしまいます。

従って、適切な業務の成果を上げるには、情報や手順を「見える化」して確認する必要があります。この方法を**自工程完結**といいます。この自工程完結の考え方は工場の品質を高めるために開発された方法です。

3.2.1　工場での自工程完結

まず、工場の自工程完結について説明します。従来(1990年頃まで)の品質の造り込み活動では、「品質は工程内で造り込む」という考えに基づいてポカヨケ(作業ミスを防ぐ仕組み)などの仕組みを取り入れていましたが、実態は各生産ラインの生産終了後に行う「検査」による品質保証に頼っていました(**図3-7**)。そして、この品質の検査の結果に基づいて全社的品質管理(TQC)活動や総合的品質管理(TQM)活動を行い、品質の改善に努めました。

図3-7 従来の生産の品質保証(作成：筆者)

ところが、複雑な要因による品質不良はなかなか低減できませんでした。各生産ラインの生産終了後に検査工程を置くこうした生産ラインは一般的なもので、今でも多くの企業で見られます。こうした生産ラインの問題は、各工程の作業者が「検査工程で見つけてくれるはず」「品質は最後に確認すればよい」といった意識を持ちがちになることです。中には、部品を組み付けた後の検査では確認できない品質項目もあります。さらに言えば、検査で不良が見つかった場合、その修正には手間と時間がかかります。

当時、トヨタ自動車で特に問題になった品質不良は、クルマの雨漏りや洗車時などの水漏れでした。この品質不良の要因は多岐にわたり、かつ多部署に及ぶものでした。プレス工程やボディー工程、塗装工程、組み立て工程、検査工程などの計数百工程が関わっていたのです。

そこで、トヨタ自動車は各生産ラインのそれぞれの工程で品質を保証する、すなわち、「生産ラインが品質を保証する」ことに決めました。各生産ラインの検査に頼らないように、検査工程そのものを廃止することにしたのです。

具体的には、工程ごとに①**発生源対策**と②**流出防止**を組み込みました。

①発生源対策
工程の要素である設備、材料、人、方法について良品条件を設定し、不良発生を防止します。
②流出防止
自工程の品質を確認し、OKであれば次工程に渡します。不良があれば、設備を止めて①の発生源対策を行います。

図3-8に示すように、1工程ごとに品質を完全にする体制を整えました。加えて、一部の工程では流出防止に関する自工程における品質の確認を容易にするために、工程を変更しました。各工程の作業者に対して品質に関する教育も行いました。

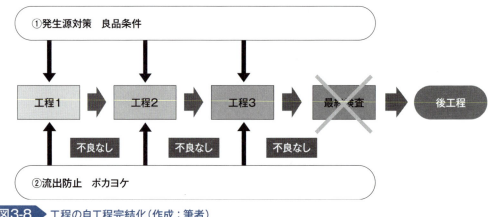

図3-8 工程の自工程完結化（作成：筆者）

こうした自工程完結により、雨漏りや水漏れの不良は減りました。しかし、まだ不十分でした。こうした活動を展開したことで、さらに前工程である工程計画や設備計画を担当する部署である生産技術部門の生産技術要件から来る品質不良の要因が判明しました。そして、さらにその上流の設計要件に起因する品質不良の要因も多々あることが分かりました。
　自工程完結を行うには、次の3つの要件を満たす必要があります。

(1)**設計要件**
部品の機能が充足しており、部品は取り付けやすく、品質が確保しやすい図面であること
(2)**生産技術要件**
設備に品質保証の能力と量産能力が備わっており、品質を確保しやすい設備や工具であること

(3) **製造要件**

適切な作業手順書があり、人に作業能力と品質確認の能力があること

こうした自工程完結の活動を、設計部門と生産技術部門、製造部門に展開することで、雨漏りや水漏れの不良が激減しました。そして、この自工程完結の活動を他の品質の向上にも応用していきました。すると、他の品質も高まっていったのです。

以上はトヨタ自動車の例ですが、この自工程完結の方法は海外でも通用すると筆者は考えました。そこで、ロシアの自動車部品（内装）メーカーに改善のコンサルティングを行った際に、この自工程完結を指導して試行しました。その実例を以下に示します。

3.2.2　生産工程の自工程完結

海外の会社の場合、設計要件と生産技術要件までの自工程完結の導入はなかなか困難を伴います。理由は職能別の業務分担を明確にしすぎるために、職能間の協力体制を構築できないからです。

筆者が指導した内装部品メーカーは、ロシアの数社の自動車メーカーに納品していました。品質があまり良くなくて不良率が高いため、それを考慮して生産計画は水増しして生産していました。その分、コストが上昇して赤字の状態だったのです。

外資系自動車メーカーに納入できると付加価値の高い部品になり、原価的にも楽になります。しかし、残念ながら品質が悪いため、取引してもらえませんでした。

品質と原価は**図3-9**のような関係にあるので、品質の改善によって原価も低減できます。そこで、外資系自動車メーカーにも採用されるような品質にするために、トヨタ自動車の自工程完結の方式（製造要件のみ）を導入し、品質の向上にチャレンジしました。

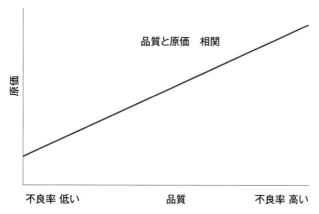

図3-9　品質と原価の相関（作成：筆者）

改善前：各生産ラインの最終で検査部の検査員が検査していました。
改善後：下記のような改善を組単位で実施しました。
・品質の担当を検査部から生産部へ変更し、各作業の作業者用品質チェックシートを作成。各作業者が自分の工程の品質確認を実施。
・その上で、組長が部品の品質を管理し、職場単位での自工程完結を目指す。
・組で解決できない品質不良は週1回、各部の管理者と技術員が出席し、対策会議を不良の「現地現物」で判断できるように生産現場で実施した。

　改善後の職制別の役割分担と役割については、下記の(1)～(5)および**図3-10**を参考にしてください。
(1)作業者自身の品質確認：作業者の自工程完結
(2)組長の品質確認：生産工程の組長は作業の正しいやり方を管理し、品質チェック用紙に記入する
(3)組の品質の見える化：生産工程の品質不良の見える化
(4)組の品質改善の実践：組の自工程完結
(5)各部参画の品質会議：会社の自工程完結
　こうした品質改善を実施するために自工程完結を取り入れたところ、見事に品質が向上。ロシアの品質協会において、メーカーランキングで外資系企業を抑えて第1位の品質を獲得しました。その結果、複数の外資系自動車メーカーから部品の注文を獲得でき、注文が3倍に伸びました。その注文に対応できるように工場も増設し、売り上げも3倍に伸びて、会社の利益は大幅に増えました。もちろん、従業員の努力の結果です。
　このように工場の自工程完結の活動で成果が出ました。この考えを応用したオフィスの自工程完結の活動は、トヨタ自動車では工場への導入から大幅に遅れた2007年頃に開始しました。続いて、このオフィス部門の自工程完結を見ていきましょう。

3.2.3　オフィスの自工程完結

　先ほど**図3-6**で説明したように、オフィス部門の仕事では、適切な業務プロセス、適切な手順、適切な品質確認が明確でないことも多々あります。お客様を含む後工程から苦情や不満が出れば、仕事のやり直しをすることになります。特に設計部門では、図面が不完全になり、設計変更をせざるを得なくなるケースが頻発していました。後工程で型の変更や設備の変更が必要になるなど、多大なコストが掛かっていました。そのため、オフィス部門でも自工程完結の活動を取り入れるようになりました。

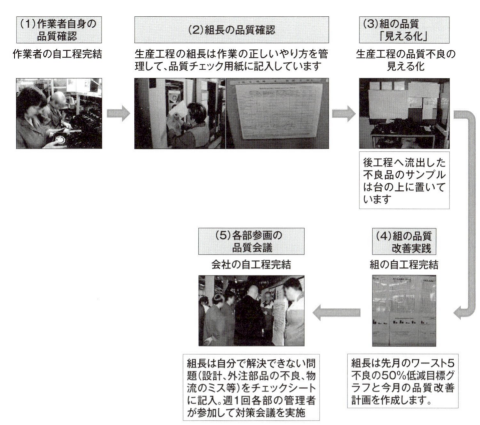

図3-10 改善後の職制別の役割分担（作成：筆者）

[1]スタッフの自工程完結とは

スタッフの自工程完結とは次のような状態をいいます。

・スタッフ自らが仕事と成果の正常・異常を判断しながら、自信を持って仕事を遂行できる状態。
・職場の抱えるさまざまな問題を解決し、職場自らがスタッフの仕事の環境を整えることができる状態。

スタッフの仕事の環境を整えるには次の4項目を整備します。

(1)工程フロー：仕事の流れと判断材料の整備
(2)標準化：経験則・暗黙知の形式知化
(3)全員参加の生産保全(TPM：Total Productive Maintenance)：道具や計測技術の整備
(4)見える化：経験の共有

[2]目指す自工程完結の姿

仕事の質＝QCDの向上と捉えて、次のような自工程完結の姿を目指しましょう。

(1)実務担当者・管理者の双方が仕事の良しあしをその場で判断でき、その時点で対処できる。
(2)やり直し・手戻りがなく、自分の仕事に自信が持てる。
(3)仕事が楽しくなる。モチベーションが高くなる。

[3]自工程完結の信念

自工程完結の信念とは、顧客に提供する製品やサービスはスタッフの日常業務から生み出されると肝に銘じ、スタッフの仕事(自工程)そのもので完結させると考えることです。これ以外には改善の道はありません。こうした信念を持って仕事に臨むことが非常に重要です。

[4]具体的な自工程完結の進め方

自工程完結は次の(1)〜(3)の手順で進めます。

(1)仕事の詳細な手順と判断材料の整備
・社内外の関連部署との間で仕事の内容とタイミングを明示する。
・仕事の内容を最少単位にまで細分化する。
・判断基準(仕事の合格範囲・良品条件)を整備する。

(2)仕事に必要な情報の整備
・情報(経験・知識・技術)を使いやすい形に整備する。

(3)スタッフの仕事を支える技術・道具の整備
・技術系のスタッフ(技術者)には、CAEなどのソフトウエアのシステムを整備し、開発設計プロセスに組み入れる。

現在は設計段階において技術検討が必要になっています。試作品を使って性能検証を行うとなると、コストも時間もかかる上に、完全な情報は得られません。CAEなどのソフトウエアシステムを開発設計プロセスに組み入れることで、試作後に行っていた性能確認を設計段階で実施でき、市場出荷後に発生していた不具合も未然に防止できます。ソフトウエアなどを整備することで、開発のリードタイムを削減し、原価低減を進めます。

仕事の整備や整合性を簡単に確かめることができるソフトウエアを整備し、それらのソ

フトウエアを使いこなすために、ソフトウエアを習得しなければなりません。事務系のスタッフには「Word」や「PowerPoint」などの習得に加えて、今後は生成AI（人工知能）の習得が必須となります。

[5]自工程完結の業務プロセスを描く

自工程完結の業務プロセスを次のように描きます。

(1)仕事の目的・目標の明確化
・自職場の本来的な使命を自立的・機動的に果たす。
・アウトプットを明確にする。

(2)仕事の手順を明確にして見える化
・仕事の手順（業務フロー）のインからアウトまでの全域を明確にする。

[6]トヨタ自動車の手法例

トヨタ自動車の手法は次の通りです。

・業務フロー図であるTLSC（Total Link System Chart：（トータル・リンク・システム・チャート）で関係部署間や仕事の前後関係を整合させる。このTLSCは、トヨタ自動車が生産ラインの工程改善に使っている自工程完結や整流化を応用したもの。
・自工程の業務プロセスを明確化する。

このTLSCでは、**図3-11**に示す例のように関係部署との関係と手順を見える化します。
これは自職場を中心に見える化したものです。ほとんどの業務は多くの組織が協力しながら遂行しています。そこで、全体の業務の流れを見える化したものが**図3-12**となります。

[7]自工程完結で考慮すべきこと

スタッフの仕事の多くは情報に付加価値を加え、後工程に展開する仕事です。自工程完結では「仕事（要素作業）」と**良品条件**、**判断基準**を明確にして考慮する必要があります（**図3-13**）。
このうち、良品条件とは**4M**を考慮して作られるものです（**図3-14**）。4Mとは①Man（人）、②Machine（設備）、③Material（材料）、④Method（方法）──になります。この4Mに⑤合否の判断（Measurement）を加えて**5M**と呼ぶ場合もあります。

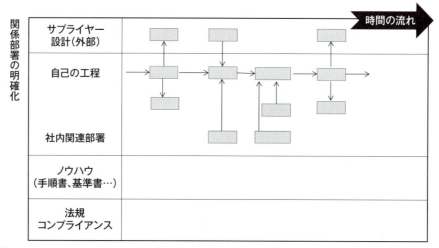

図3-11 TLSC：自工程の業務プロセスの明確化（設計の例）（作成：筆者）

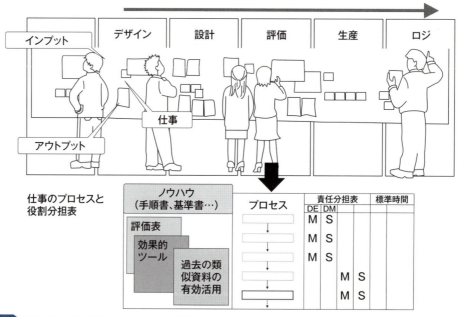

図3-12 TLSC：業務全体のプロセスの視える化（作成：筆者）

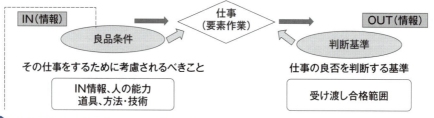

図3-13 自工程完結で考慮すべきこと（作成：筆者）

良品条件とは

スタッフ	4M	製造現場
IN情報 (必須情報の有無、制度)	Material	材料 (企画・図面上の樹脂材)
人の能力 (業務遂行能力)	Man	人の能力 (作業遂行能力)
道具 (パソコン・計測器・ワークシートなど)	Machine	設備・金型・工具 (成形機・金型機)
IN情報 (ノウハウ・計算ソフト・マニュアルなど)	Method	方法・技術 (射出圧・スピード・温度など)

図3-14 良品条件(作成:筆者)

[8]自工程完結のうれしさ(利点)

このように、スタッフの自工程完結の考えを踏まえた仕事の整備や見える化を行うと、これまでの仕事のやり方の問題点を顕在化できます。すると、改善をスムーズに進めることが可能となります。その結果、次のような改善の効果が得られます。

(1)仕事のやり直し・手戻りがなくなる。納期通りの完了やリードタイムの短縮を実現できる。
(2)業務効率が上がり、付加価値の高い仕事に注力できる。生産性が向上する。
(3)自分の仕事に自信が持てる。モチベーションが高まる。
(4)標準・マニュアルなどを通じてコミュニケーションを図りやすくなる。
(5)スパイラルアップの過程を通じ、常により良い仕事を追求していくことができる。

すなわち、自工程完結を導入することで**図3-15**に示すような人材育成を実現でききます。加えて、仕事の質が上がり、効率も高まります。さらに言えば、改善できた経験と満足感でスタッフは自信を持つようにもなるのです。

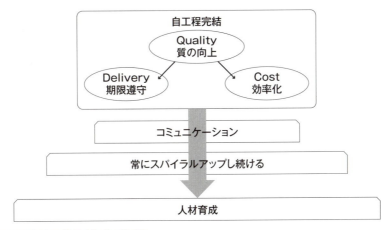

図3-15 自工程完結の効果(作成:筆者)

第 4 章

原価の捉え方

原価の捉え方

　原価を捉える主な方法には4種類あります。業務の内容に応じて使い分けますが、この適用を間違えると適切な原価を捉えることができません。4種類の原価の考え方と算出方法を習得し、業務に必要な原価を適切に捉えることが大切です。本章では原価の捉え方について解説します。

4.1　原価の捉え方と計算方法

　第3章では各業務のプロセスを説明しました。本章ではこのプロセスで使われる原価の捉え方と原価の計算方法を習得しましょう。**第2章**でも説明した通り、原価の捉え方には次の4つがあります(**表4-1**)。

(1) 生産量による原価の変動
　変動費と固定費に分類し、生産量による原価の変動を分析します。

(2) 対象とする原価の範囲
　原価低減やVE(Value Engineering：価値工学)・VA(Value Analysis：価値分析)の検討時に、対象を限定して差額原価を計算する方法です。これに対し、全体の原価を算出する方法は絶対原価(フルコスト)になります。

(3) 意思決定による原価の変動
　意思決定時に使われる原価の捉え方です。**経済性検討**ともいいます。注意点は(1)、(2)、(4)といった原価計算の方法とは全く違うところです。

(4) 原価の基となる条件からの原価

主な条件は①実績原価、②標準原価、③予想原価——の3つです。

各業務と4つの原価の捉え方の関係を表にしたものが**表4-2**となります。

この表から分かる通り、各業務で原価の4つの捉え方がよく使われます。原価の業務にはどうしてもこれらを習得する必要があります。間違った捉え方をすると間違ったデータになります。すると、原価に関する判断を間違えることになり、損失が発生します。

表4-1 主な原価の捉え方と留意点（作成：筆者）

	種類	内容	管理での使い方の留意点
(1) 生産量による原価の変動	変動費	・生産量によって発生費の総額が変わる	・費目では必ずしも決まらない
	固定費	・生産量によって発生費の総額が変わらない	
(2) 対象とする原価の範囲	差額原価	・各種の代替案で変化する原価 ・変更部分のみの原価	・差額原価は、効率的に算出できると必要なもの以外の原価の変動要素を除くことができる
	全部原価 （絶対原価） （フルコスト）	・全ての費用を含めた原価	
(3) 意思決定による原価の変動	可変費	・意思決定により変化する費用	・経済性検討（損得計算）での分け方 ・長期で見るか、短期で見るかを考えることが必要（既存設備も長期で見れば更新される）
	不変費 （埋没原価）	・意思決定により変化することのない費用（既存設備の償却費）	
(4) 原価の基となる条件の違い	実績原価	・価格、使用量、生産個数当たりを実績に基づいて計算した原価	・用途に応じて使い分ける必要がある 例）実績原価の中には、該当期間に特別に発生した費用が含まれることがある
	標準原価	・標準的な生産条件などを前提とした原価	
	予想原価	・将来の価格、使用量生産個数などの予想に基づいて計算した原価	

表4-2 各業務での原価の算出方法（作成：筆者）

算出法	a. 原価企画 b. 原価計画	c. 生産企画 内外製決定	d. 仕入れ先価格査定	e. 設備投資	f. 原価改善	g. 販売価格
1. 生産量による原価の変動	◎適用	◎適用	◎適用	◎適用	○適用	○適用
2. 対象とする原価の範囲	◎適用	○適用	○適用	○適用	◎適用	◎適用
3. 原価による意思決定	◎適用	◎適用	◎適用	◎適用	○適用	◎適用
4. 原価の基となる条件の違い	◎適用	◎適用	◎適用	◎適用	○適用	◎適用

ここからは4つの原価の捉え方を説明していきます。各業務に応じた原価の捉え方や計算の方法を演習しながら習得しましょう。

4.2　生産量による原価の変動

原価の費目を変動費と固定費に分類し、生産量による原価の変動を分析するために、この捉え方を採ります。

原価の費目には、時間が経過するとコストとして計上する費目があります。会社によって異なりますが、1日ごと、あるいは1カ月ごとに時間を区切って計上する費用です。給与や償却費などの固定費がこれに相当します。もう1つは変動費です。これは生産量に比例して増える費用です。材料費や購入部品費などの費用がこれに相当します。

従って、この計算では費目を固定費と変動費に区分する必要があります。前述した一般的な費目と一部異なります。固定費と変動費の費目は次の通りです。なお、この通りではないケースもあります。

[固定費(月当たり、年当たり)]
・労務費、賃金、給料、退職金、給与引当金ほか
・設備償却費
・専用設備の償却費
・型(金型)償却費
・建物・工場の償却費
・外注人件費(ケースバイケース)
・出張費、事務用品などの経費、事務機器・備品(パソコンほか)の経費
・車両運搬具などの減価償却費
・電力料、蒸気費ほか
・一部の保全費、定期的な保全・メンテナンス費
・補助部門で発生する費用、旅費交通費、交際費ほか
・研究開発部門で発生する費用

[変動費]
・材料費、鋼板・鋼材、樹脂材料ほか
・部品代

- 副資材、シーラー、油脂類、溶接棒ほか
- 一部の保全費、数量的に比例した保全・メンテナンス費
- 梱包費
- 運搬費
- 仕損費（加工不良）
- 刃具ほか
- 電力料、蒸気費ほか（生産数量で変動した費用が大きい場合、小さい場合は固定費に）
- 労務費（ただし、生産量に応じて増減できる場合。歩合給など）
- 外注費（生産個数に比例する場合）

　このうち固定費は1日ごと、あるいは1カ月ごとの時間の単位で集計されます。変動費は生産量と比例していますが、1日ごと、もしくは1カ月ごとの時間の単位の総費用（固定費合計と変動費合計）を集計します。
　本書では、集計の単位を便宜上1カ月とします。

1カ月分の総費用＝1カ月分の固定費の合計＋1カ月分の変動費の合計

1カ月分の固定費の合計＝Bとする。
1カ月分の変動費の合計は
A＝変動費（個当たり）、X＝生産量（月当たり）とすると、
1カ月分の変動費の合計＝A（個当たりの変動費）×X（月の生産台数）です。

(1) **月当たりの総費用（総原価）＝Y**とすると
　　$Y = A \times X + B$

　月当たりの生産台数と変動費、月当たりの総固定費が分かれば、月当たりの総費用Yを算出できます。原価というと1個当たりの原価をイメージします。また、日常では個当たりの原価を使用するので、最終的には個当たりの原価を算出します。

(2) **個当たりの原価　円/個：Y/X**
　総費用（総原価）/月当たりY＝A・X＋Bを1カ月の生産台数で割る。
　個当たりの原価：Y/X＝A＋B/X
　（A＝変動費、X＝生産量、B＝固定費）

ある商品の個当たりのコスト計算で1000円とすると、この1000円が独り歩きし、生産台数が変わっても、関係者はいつも1000円だと思い込んでしまいます。生産台数の情報が抜けているため、個当たりのコスト計算では原価を考えるときに間違いを起こしやすいので注意が必要です。原価データベースも個当たり〇〇円となっており、生産台数の情報が抜けているケースが多々あります。

　間違いを防ぐために、必ず月当たりの総費用（総原価）Yを算出し、個当たりの原価Y/Xを算出することを勧めます。

　次に、利益（1カ月当たり）を求めましょう。

利益（1カ月当たり）＝1カ月当たりの売上（または収益）－1カ月当たり総費用

　今の説明の理解を深めるために、簡単な例を見てみましょう。

　ある商品の売値（価格）および原価の構成のうち、**固定費**と**変動費**は下記の通りです。

売値＝80円／個
固定費＝100円／月
変動費＝50円／個

　月の販売個数が1～10個までの売上額と各原価を**表4-3**に示します。

表4-3 ある商品の原価の構成（作成：筆者）

台数	変動費	固定費	原価	売り上げ	営業利益	限界利益
	50	100		80		30
1	50	100	150	80	－70	30
2	100	100	200	160	－40	60
3	150	100	250	240	－10	90
4	200	100	300	320	20	120
5	250	100	350	400	50	150
6	300	100	400	480	80	180
7	350	100	450	560	110	210
8	400	100	500	640	140	240
9	450	100	550	720	170	270
10	500	100	600	800	200	300

月に1個売れた場合は、売上額＝80円、変動費＝50円／個、固定費＝100円／月です。従って、月の売り上げ（収益）＝80円です。

月の総費用＝50円＋100円＝150円／月
利益＝売り上げ－総費用
利益＝80円－150円＝－70円（全て月当たり）の赤字です。

月に2個売れた場合は、売上額＝80円×2個、変動費＝50円／個×2個、固定費＝100円／月なので、月の売り上げ（収益）＝80円×2個です。

月の総費用＝100円＋100円＝200円／月
利益＝売り上げ－総費用
利益＝160円－200円＝－40円（全て月当たり）の赤字です。

次に、月に4個売れた場合は、売上額＝80円×4個、変動費＝50円／個×4個、固定費＝100円／月なので、月の売り上げ（収益）＝80円×4個＝320円です。

月の総費用＝200円＋100円＝300円／月
利益＝売り上げ－総費用
利益＝320円－300円＝20円（全て月当たり）の黒字です。

このように、販売個数が増えると利益が赤字から黒字に転換します。これをグラフで表すと**図4-1**のようになります。

このグラフの「売上高線」と「総費用」（変動費と固定費の月当たりの合計額）が交わる点は、販売（生産）台数で見ると3台から4台の間に来ます。この点は、赤字から黒字に転換する**損益分岐点**です。この損益分岐点を過ぎると、利益がどんどん増えていきます。逆に、この点から手前側に離れるほど赤字が増加します。このようにグラフにすると分かりやすくなります。

個当たりの利益＝売値－（固定費＋変動費）です。ここで固定費を除き、売値から変動費を引いた利益を**限界利益**といいます。

限界利益＝売値－変動費

限界利益の考え方は、競争が厳しく量を確保する、または量を増加させるには値引きもやむを得ない場合、どこまで値引きしても利益が増大するかなどを判断するときに使用します。

　このケースでは、限界利益＝売値（80円）－変動費（50円）＝30円となり、30円まで値下げしても、限界利益は確保できます。

　販売台数（生産台数）から一般的な損益分岐点を求める図を**図4-2**に示します。

　この図はよく使用されます。例えば、会社の売り上げがどこまで落ちると赤字になるかを検討する際に使われます。横軸の台数／月を100％とし、損益分岐点が何％になるかといった検討を行うのです。

　損益分岐点が低いほど会社の体力は強いといえます。すなわち、外部環境変化に強い会社となるのです。

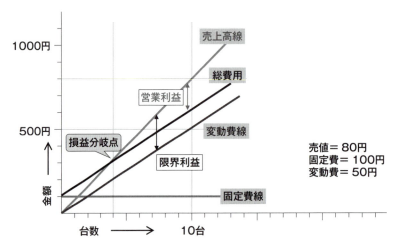

図4-1 販売数と利益の関係（作成：筆者）

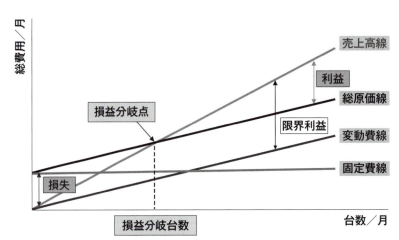

図4-2 一般的な損益分岐の図（作成：筆者）

4.2.1 演習：生産量による原価の変動

生産変動に伴う月当たりの総費用から1台当たりの原価（個当たり原価）を求める演習です。ここで、A＝変動費、X＝生産量、B＝固定費です。

月当たりの総費用（総コスト）＝Yとすると、

総費用：Y＝A・X＋B

個当たり原価は月の生産台数Xで割ると計算できます。

個当たり原価：Y/X＝A＋B/X

表4-4は原価の費目と値です。原価の変動費と固定費の費目と値を表にしています。

表4-4 演習：原価の費目と値（作成：筆者）

費目	区分	値	
材料費	（個当たり）	7,000円/個	
設備償却費　10億円　8年償却	（月当たり：償却費、固定）	1,042万円/月	←注1
副資材	（個当たり）	1,200円/個	
一部の保全費（固定費）	（月当たり：固定）	600万円/月	
研究開発部門で発生する費用	（月当たり：固定）	2,000万円/月	
刃具他	（個当たり）	800円/個	
労務費	（月当たり：固定）	3,000万円/月	
型償却費　6億円　4年償却	（月当たり：償却費、固定）	1,250万円/月	←注2
電力料、蒸気費他	（月当たり：固定）	1,500万円/月	
補助部門の費用（旅費交通費他）	（月当たり：固定）	2,300万円/月	
仕損費（加工不良）	（個当たり）	480円/個	
部品代	（個当たり）	13,000円/個	
梱包費	（個当たり）	1,700円/個	
運搬費	（個当たり）	2,600円/個	

注1：月当たりの償却額の利息は考えない。100％償却（残存価格は0円とする）。
注2：本書では断りのない限り「月当たり」に統一する。

原価は生産台数で変動します。演習で原価の変動を計算しましょう。

＜問題1＞
(問1)生産量＝3000のときの個当たりの原価はいくらか？

(問2)生産量＝6000のときの個当たりの原価はいくらか？
(問3)生産量＝10000のときの個当たりの原価はいくらか？
ただし、小数点以下は四捨五入すること。

これを算出するに当たり、**表4-4**の「注1」の設備償却費と「注2」の型償却費の投資額と償却年数から、月当たりの償却額を計算します。

(注1)月当たりの設備償却額＝10億円／8年×12月＝1042万円／月
(注2)月当たりの型償却額＝6億円／4年×12月＝1250万円／月

この値は、上記の表に計算して記入しています。**表4-5**に答えを導き出すための表を用意しました。

表4-5 問題1の表（作成：筆者）

項目	月当たり	変動費（円/個）	固定費（円/月）	生産量 月当たり（円/個） 3,000	6,000	10,000
材料費	7,000円/個					
設備償却費 10億円 8年償却	1,042万円/月					
副資材	1,200円/個					
一部の保全費（固定費）	600万円/月					
研究開発部門で発生する費用	2,000万円/月					
刃具他	800円/個					
労務費	3,000万円/月					
型償却費 6億円 4年償却	1,250万円/月					
電力料、蒸気費他	1,500万円/月					
補助部門の費用（旅費交通費他）	2,300万円/月					
仕損費（加工不良）	480円/個					
部品代	13,000円/個					
梱包費	1,700円/個					
運搬費	2,600円/個					
答え				(1)	(2)	(3)

この問題ではまず、原価の費目を固定費と変動費に区分けしましょう。**表4-5**を利用し、月当たりの変動費と固定費を区分しながら数値を入れてください。

次に、変動費の月の総費用（合計）と固定費の月の合計を算出します。右の欄にある月の生産台数3000、6000、10000ごとに1個当たりの原価を計算します。

個当たりの原価を算出するには、各費目の変動費は、先ほど記入した左の欄の数値をそのまま入れます。固定費の費目は、生産台数3000、6000、10000で割って入れます。

各費目を合計した数値が各生産台数の個当たりの原価になります（**表4-6**）。

<問題1の解答>

表4-6 問題1の解答（作成：筆者）

費目	各費用	月当たり 変動費（円/個）	月当たり 固定費（円/月）	生産量 月当たり（円/個） 3,000	6,000	10,000
材料費	7,000円/個	7,000		7,000	7,000	7,000
設備償却費 10億円 8年償却	1,042万円/月		10,420,000	3,473	1,737	1,042
副資材	1,200円/個	1,200		1,200	1,200	1,200
一部の保全費（固定費）	600万円/月		6,000,000	2,000	1,000	600
研究開発部門で発生する費用	2,000万円/月		20,000,000	6,667	3,333	2,000
刃具他	800円/個	800		800	800	800
労務費	3,000万円/月		30,000,000	10,000	5,000	3,000
型償却費 6億円 4年償却	1,250万円/月		12,500,000	4,167	2,083	1,250
電力料、蒸気費他	1,500万円/月		15,000,000	5,000	2,500	1,500
補助部門の費用（旅費交通費他）	2,300万円/月		23,000,000	7,667	3,833	2,300
仕損費（加工不良）	480円/個	480		480	480	480
部品代	13,000円/個	13,000		13,000	13,000	13,000
梱包費	1,700円/個	1,700		1,700	1,700	1,700
運搬費	2,600円/個	2,600		2,600	2,600	2,600
答え		26,780	116,920,000	(1) 65,754	(2) 46,266	(3) 38,472

(問1)生産量＝3000の時の個当たりの原価はいくらか？

(答え) 6万5754円

(問2)生産量＝6000の時の個当たりの原価はいくらか？

(答え) 4万6266円

(問3)生産量＝1万の時の個当たりの原価はいくらか？

(答え) 3万8472円

<問題2>

販売数量＝生産量とした場合の損益を算出しましょう。売値を4万円とします。

(問1)販売数量＝3000のときの利益はいくらか？

(問2)販売数量＝6000のときの利益はいくらか？

(問3)販売数量＝10000のときの利益はいくらか？

ただし、小数点以下は四捨五入すること。

<問題2の解答>

月当たりの総売り上げ＝売値×月の販売数量

月当たりの総費用＝個当たりの原価×月の生産数量

月当たりの利益＝月当たりの総売り上げ－月当たりの総費用

販売数量＝生産量とする

(問1)販売数量＝3000のときの利益はいくらか

4万円×3000－6万5754円/個×3000＝－7726万円

(答え)－7726万円/月

(問2)販売数量＝6000のときの利益はいくらか

4万円×6000－4万6266円/個×6000＝－3760万円

(答え)－3760万円/月

(問3)販売数量＝10000のときの利益はいくらか

4万円×1万－3万8472円/個×1万＝1528万円

(答え)＋1528万円/月

<問題3>

(問1)月当たりの総売り上げと総費用の**図4-3**の方眼紙にグラフを描いてください。

販売数量＝生産量とします。

売値＝4万円/個

固定費＝11692万円/月

変動費＝26780円/個

(問2)このグラフからおおよその損益分岐台数を求めてください。

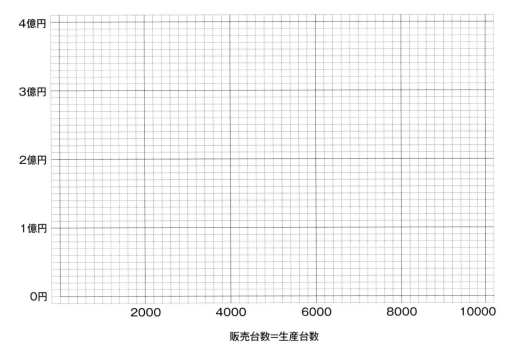

図4-3 問題3の方眼紙（作成：筆者）

<問題3の解答>

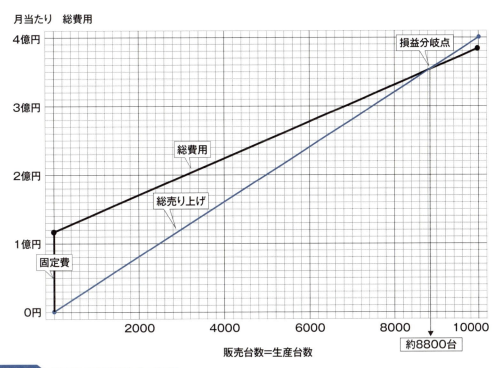

図4-4 問題3の解答（作成：筆者）

073

(問1)**図4-4**を参照。

(問2)損益分岐台数はおおよそ8800台/月です。

4.3　対象とする原価の範囲

　図4-5を見てください。原価低減時やVE・VAで原価を下げたときに原価を算出する方法で、原価低減の対象(部品または組織別)を限定して計算する方式が**差額原価**です。

　この方法は対象の部品や担当する人を限定し、低減した原価を計算するので、割と容易に算出できます。ただし、この原価低減で他の部品や他の部署が影響を受けることが多々あり、これらの原価アップ分を差額原価では考慮していないケースが多く見られます。

　トヨタ自動車はこの差額原価の方式で原価企画を実施してきましたが、後で原価を再集計すると大きな誤差が発生するケースがありました。そこで、節目、節目で、全体の部品の原価を再集計し、商品全体の原価をもう少し正確に算出する方式に変更しました。これを「絶対原価」または「フルコスト」といいます[1]。

[1] トヨタ自動車では「絶対原価」「フルコスト」の意味で、なじみのある「総原価」という言葉を使用しています。これ以降は「総原価」に統一します。

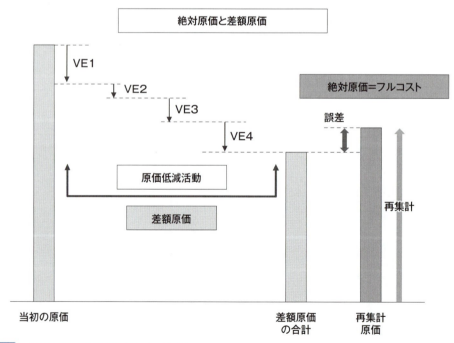

図4-5 ▶ 差額原価と絶対原価(作成：筆者)

4.4　意思決定による原価の変動（経済性検討）

　意思決定による原価の変動は、文字通り意思決定時に使われる原価の捉え方です。「経済性検討」ともいいます。意思決定のために経済性検討の考え方を用います。通常の原価計算とはかなり異なるので、使い分けが必要です。
　経済性検討とは「経済的に有利な意思決定をするための検討」です。経済性とは損得の判断です。

経済性検討＝損得の判断

　通常は各案（各ケース）の比較検討を行います。どの案が最も有利なのか、儲かるのかを判断します。多くの人や企業が、この経済性検討ができないか、もしくは間違えています。どうしても原価計算で判断してしまうのです。
　経済計算では、その意思決定によって変動する費用と収益の差額を求めているのに対し、原価計算では製品当たりの総費用を見積もるという違いがあります。

経済性検討の原則は、は次の3つです。

(1) 比較の目的と対象を明確にする
(2) 各案の間で相違する収入と支出をお金の流れ（キャッシュフロー）に着目して捉える
(3) 見積もりの対象期間は、原則として、設備の使用期間とするが、長期にわたる見積もりが困難な場合は、向こう4年程度の平均値でもよい

　ここからは例題を通して、経済性検討の方法を説明します。

＜例題1＞内製・外注の経済性の検討
　現在自社で製造している部品と同じ部品をメーカーAが1個80円で納入できると提案してきました。経理部から、自社で製造している部品の内製原価の費目の内訳は労務費30円、減価償却費20円、素材費等50円で、原価の合計は100円との提示がありました。内製・外注の意思決定をする場合、自社で継続して製造するほうが得ですか、それともメーカーAに外注するほうが得ですか？

例題1では、多くの会社は通常の原価計算を行い、**図4-6**のように内製原価＝100円、外注原価＝80円と判断し、内製を中止して外注とします。

通常の原価計算

〈内製原価〉		〈外注原価〉	
購入費	50円	素材費	80円
労務費	30円		
減価償却費	20円		
合計	100円	合計	80円

意思決定：外注にすると80円に低減できるので、内製をやめて外注にする

図4-6 例題1：通常の原価計算（作成：筆者）

しかし、表面的な原価計算で検討して意思決定するのは間違いです。経済性検討では**図4-7**のように内製原価＝100円、外注原価＝130円となり、内製が有利となります。よって、内製を継続生産する意思決定をします。

〈内製原価〉		〈外注原価〉	
購入費	50円	素材費	80円
労務費	30円	労務費	30円
減価償却費	20円	減価償却費	20円
合計	100円	合計	130円

コストは外注品のほうが高い！

意思決定：外注にすると130円になり、原価が高くなるので内製で継続する

図4-7 例題1：意思決定のための原価計算（作成：筆者）

労務費30円、減価償却費20円は外注メーカーAに発注しても、自社のコストとして継続して発生します。自社で継続して製造すれば、内製原価は100円であるため、自社で継続して製造するほうが得です。

＜例題2＞内外製の決定（意思決定）
　ある工場で部品を塗装しており、各製品を塗装するのに必要な費用は下記の通りでした。
　塗装費　20円／個
　労務費　10円／個
　減価償却費　5円／個

稼働費　7円/個
　　合計　　42円/個
この塗装の仕事は外注メーカーに頼むと35円で行うことができます。外注メーカーに頼んだほうが得でしょうか？

　内製か外注かを検討するこのような例では、外注のほうが得だと判断し、外注に決定することが多くあります。しかしながら、この検討では経済性の観点からは損をします。**図4-8**を見てください。

〈自工場で塗装し続けた場合の支払い費用〉
　　塗装費　　　20円/個
　　労務費　　　10円/個
　　減価償却費　 5円/個
　　稼動費　　　 7円/個
　　合計　　　　42円/個

〈外注メーカーに頼んだ場合の支払い費用〉
　　外注費　　　35円/個
　　労務費　　　10円/個（外注に出しても継続してかかるコスト）
　　減価償却費　 5円/個（外注に出しても継続してかかるコスト）
　　合計　　　　55円/個

図4-8　例題2：内製と外注の原価比較（作成：筆者）

　労務費10円、減価償却費5円は外注メーカーAに発注しても、自社のコストとして継続して発生します。従って、外注の費用の合計は55円です。自社で継続して製造すれば内製原価は42円であるため、自社で継続して製造するほうが得です。

　業務の中で経済性を検討し、意思決定するケースは多々あります。次の例題は、販売の部門で受注するかどうかの意思決定です。

＜例題3＞受注に関する販売部の意思決定
　販売部門が原価割れしそうな輸出の注文を受注すべきかどうかを悩んでいます。この会社では、国内の売り上げが頭打ちになっており、今は人と設備にかなり余裕があります。そこで輸出に目を向けて検討を始めました。

最近の月産量は1000台です。原価は経理部の資料(**表4-7**)によると110万円/台です。国内の売値は120万円/台で、輸出の商社からは90万円/台で200台の申し入れがありますが、経理部からは原価割れなので受注すべきではないと忠告されています。輸出を受注しないほうがよいでしょうか？ それとも、受注すべきでしょうか？

表4-7 例題3：原価の明細（作成：筆者）

費目	金額	1台当たりの費用
1. 材料費	40万円/台	40万円
2. 補助材料費	12万円/台	12万円
3. 直接労務費	25,000万円/月	25万円
4. 各種間接費	18,000万円/月	18万円
5. 減価償却費	15,000万円/月	15万円
合計（原価）		110万円

　原価の合計は1台当たり110万円、国内の売値は1台当たり120万円です。輸出の商社の提示額は1台当たり90万円なので、経理部から「**輸出は20万円/台の赤字**になるので受注しないほうが良い」と忠告されています。

　これに対して販売部門はどのように判断すべきでしょうか。その根拠は何でしょうか。そして、どのように経理部に説明をすべきでしょうか。

　このケースで正しい判断をするには、輸出の受注で利益が増大することを証明します。受注で発生する売上高から受注で発生する費用を控除し、利益が増大すれば受注すべきである、利益が減少すれば受注すべきではないと判断できます。

　まず、**表4-7**の各費目を固定費と変動費に分けて、利益を確認してみましょう。

固定費：受注量とは関係なく支出する費用
3. 直接労務費　25000万円/月
4. 各種間接費　18000万円/月
5. 減価償却費　15000万円/月

変動費：受注量に比例して支出する費用
1. 材料費　40万円/台
2. 補助材料費　12万円/台

［輸出を受注しないときの利益を計算する］

売上高＝120万円×1000台＝12億円／月

固定費＝(25000＋18000＋15000)万円＝58000万円＝5億8000万円／月

変動費＝(40＋12)万円×1000台＝52000万円＝5億2000万円／月

月の総利益＝売上高－(固定費＋変動費)＝12億円－11億円＝1億円／月

［輸出を受注するときの利益を計算する］

売上高＝120万円×1000台＋90万円×200台＝13.8億円／月

固定費＝(25000＋18000＋15000)万円＝58000万円＝5億8000万円／月

変動費＝(40＋12)万円×1200台＝62400万円＝6億2400万円／月

月の総利益＝売上高－(固定費＋変動費)＝13.8億円－12億400万円＝1億7600万円／月

輸出を受注することで利益が7600万円増大します。輸出価格は90万円でも利益が増大するので、輸出の注文は受注すべきであると証明できます。

4.4.1 意思決定時の埋没原価の考え方

経済的な優劣を判断するためには、意思決定に伴って変化する金の流れ（キャッシュフロー）を正しく捉えるべきです。しかし、しばしば過去の支出にとらわれて判断を誤ることが多いので注意が必要です。

原価計算では、過去に既に支払った費用も配賦してコストとして認識します。一方で、経済計算では、既に支払った費用は今後の金の出入りとは関係のない、すなわち比較検討上は存在しないコストとして扱います。そのようなコストを**埋没原価**と呼びます。**図4-9**を見てください。

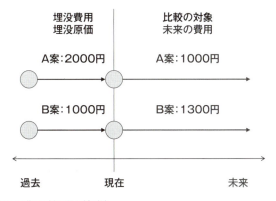

図4-9 埋没原価と未来の費用（作成：筆者）

通常の原価計算では、過去の費用と未来の費用を合算して計算します。この場合、A案が合計3000円、B案が合計2300円となります。B案のほうが安いので、経済的に有利な案はB案となります。

一方、経済性検討では過去に投資した金額や過去の原価などは考慮しません。未来の費用や金の出入りのみを考慮して判断します。そのため、経済性検討ではA案は1000円、B案は1300円となり、A案が有利となります。

このように、経済性検討は埋没コストを考慮せず、過去の投資などの埋没コストはゼロであるとして計算します。人間はどうしても過去に投資した金や費用を引きずるため、未来だけを見て経済性を検討するのは困難が伴います。意思決定の判断を間違えてしまいがちです。現在から未来のキャッシュフローだけを見て、どちらが得であるかを判断しましょう。

＜例題4＞埋没原価を考慮した意思決定（設備投資の検討）

ある部品を造るためにAという機械（取得価額2400万円）を使っていました。機械Aには作業者1人が専従で必要でした。最近、全自動の機械Bが3600万円で売り出されました。機械Aをこのまま使い続けるか、作業者を減らすために機械Bに交換するのか、どちらが得でしょうか？（**図4-10**）

以下の前提条件で経済性検討を行ってください（金利は考えません）。
・機械Aと機械Bの耐用年数は同じく6年で、生産数の差はない
・機械Aは購入して間もないため、償却は終わっていない
・機械Aは専用機のため、売却は見込めない
・機械Aに付く作業者の労務費は400万円/年
・エネルギー費などの費用に差はない（共に100万円/年）

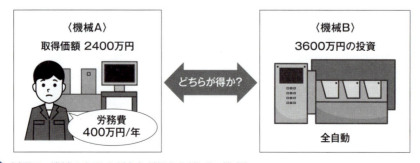

図4-10 例題4：機械AとBのどちらが得か？（作成：筆者）

これは原価計算と経済性検討との違いを見る例題です。また、埋没原価についても理解できます。

　図4-11を参照してください。原価計算で検討すると、機械Aの場合は毎年の費用の合計が900万円、機械Bの場合は毎年の費用合計が700万円となります。原価計算で判断すると、自動機械Bを購入すべきであると判断します。

　経済性検討で検討すると、既に購入した機械Aの減価償却費は償却残があっても埋没費用とみなし、償却費用はゼロとみなします（**図4-12**）。機械Aの毎年の費用合計は500万円、機械Bの場合は毎年の費用合計が700万円となります。従って、経済性検討で検討すると、原価計算で検討した判断と違ってきます。

　意思決定する場合は、経済性検討で検討すべきです。キャッシュフローの観点からも経済性検討のほうが正しいと分かります。これから出ていく金（キャッシュフロー）は、機械Aは500万円/年、機械Bは700万円/年の支出です。そのため、機械Aを使い続けたほうが会社にとって経済的といえます。

	原価計算	
	機械A	機械B
労務費	400万円/年	不要
減価償却費	2400万円÷6年＝400万円/年	3600万円÷6年＝600万円/年
エネルギー費など	100万円/年	100万円/年
合計	900万円/年	700万円/年

	経済性検討	
	機械A	機械B
労務費	400万円/年	不要
減価償却費	既に支払ったため埋没費用と見ます"0"	3600万円÷6年＝600万円/年
エネルギー費など	100万円/年	100万円/年
合計	500万円/年	700万円/年

図4-11 例題4：原価計算と経済性検討（作成：筆者）

　では、ここで例題1に戻り、埋没原価を検討してみます。埋没原価を検討して内製か外注かを判断する例です。

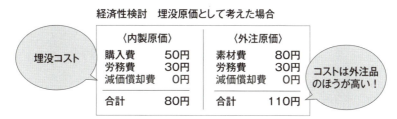

図4-12 例題1の経済性検討（作成：筆者）

内製の場合は、現在から未来に発生する費用は素材費50円と労務費30円の合計80円です。一方、外注の場合は、購入費80円と労務費30円の合計110円です。減価償却費を埋没原価として扱った場合でも、内製で生産を継続したほうが有利となります（ただし、作業者が他の仕事に有効に転換できる場合はこの限りではありません。）

　これらの例題で示したように、経済性検討は通常の原価計算とはかなり違います。将来の損得を考慮した意思決定では経済性検討が必要ですが、多くの会社がこの経済性検討に対応できていないというのが現実です。

4.4.2 金利を考慮した経済性検討

　正確に経済性検討を行うには、金利を考慮する必要があります。特に、債権への投資、年金、預金、設備投資の検討には、金利を考えた経済性検討が必要です。

　投資額や毎年の利益（改善額）は、時間的価値を換算するときに用いられる次の3つの方法に分けられます（**図4-13**）。

(1) 現時点の金の価値に換算した値（**現価**）
(2) 投資の効果が及ぶ最終時点の価値（**終価**）
(3) 毎年末、均等払いの値に換算した平均値（**年価**）

　すなわち、比較する時間を現在価値（現価）、投資完了時の価値（終価）、毎年の価値（年価）の3つに分けて検討し、集計する時期を1つの時期に統一します。時期が異なるため、時期の違いを換算するには金利を考慮しなければなりません。

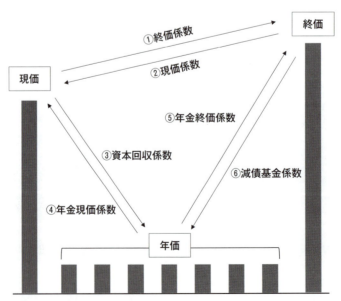

図4-13 現価と終価と年価の関係（作成：筆者）

そのため、現価と終価と年価の金利を考慮した換算式が必要となります。現価と終価と年価を結ぶ換算式として、次の6つの式があります。

① **終価係数**：現価を終価に換算する係数＝$(1+i)^n$
② **現価係数**：終価を現価に換算する係数＝$1/(1+i)^n$
③ **資本回収係数**：現価を年価に換算する係数＝$\{i\times(1+i)^n\}/\{(1+i)^{n-1}\}$
④ **年金現価係数**：年価を現価に換算する係数＝$\{(1+i)^{n-1}\}/\{i\times(1+i)^n\}$
⑤ **年金終価係数**：年価を終価に換算する係数＝$\{(1+i)^{n-1}\}/i$
⑥ **減債基金係数**：終価を年価に換算する係数＝$i/\{(1+i)^{n-1}\}$

① 終価係数：現価を終価に換算する係数＝$(1+i)^n$

表4-8 ①終価係数表（作成：筆者）

期間	利率					
	1%	2%	3%	4%	5%	6%
1年	1.0100	1.0200	1.0300	1.0400	1.0500	1.0600
2年	1.0201	1.0404	1.0609	1.0816	1.1025	1.1236
3年	1.0303	1.0612	1.0927	1.1249	1.1576	1.1910
4年	1.0406	1.0824	1.1255	1.1699	1.2155	1.2650
5年	1.0510	1.1041	1.1593	1.2167	1.2763	1.3382
6年	1.0615	1.1262	1.1941	1.2653	1.3401	1.4185
7年	1.0721	1.1487	1.2299	1.3159	1.4071	1.5036
8年	1.0829	1.1717	1.2668	1.3686	1.4775	1.5939

② 現価係数：終価を現価に換算する係数＝$1/(1+i)^n$

表4-9 ②現価係数表（作成：筆者）

期間	利率					
	1%	2%	3%	4%	5%	6%
1年	0.9901	0.9804	0.9709	0.9615	0.9524	0.9434
2年	0.9803	0.9612	0.9426	0.9246	0.9070	0.8900
3年	0.9706	0.9423	0.9151	0.8890	0.8638	0.8396
4年	0.9610	0.9238	0.8885	0.8548	0.8227	0.7921
5年	0.9515	0.9057	0.8626	0.8219	0.7835	0.7473
6年	0.9420	0.8880	0.8375	0.7903	0.7462	0.7050
7年	0.9327	0.8706	0.8131	0.7599	0.7107	0.6651
8年	0.9235	0.8535	0.7894	0.7307	0.6768	0.6274

③ 資本回収係数：現価を年価に換算する係数＝$\{i \times (1+i)^n\} / \{(1+i)^{n-1}\}$

表4-10 ③資本回収係数表（作成：筆者）

期間	利率					
	1%	2%	3%	4%	5%	6%
1年	1.0100	1.0200	1.0300	1.0400	1.0500	1.0600
2年	0.5075	0.5150	0.5226	0.5302	0.5378	0.5454
3年	0.3400	0.3468	0.3535	0.3603	0.3672	0.3741
4年	0.2563	0.2626	0.2690	0.2755	0.2820	0.2886
5年	0.2060	0.2122	0.2184	0.2246	0.2310	0.2374
6年	0.1725	0.1785	0.1846	0.1908	0.1970	0.2034
7年	0.1486	0.1545	0.1605	0.1666	0.1728	0.1791
8年	0.1307	0.1365	0.1425	0.1485	0.1547	0.1610

④ 年金現価係数：年価を現価に換算する係数＝$\{(1+i)^{n-1}\} / \{i \times (1+i)^n\}$

表4-11 ④年金現価係数表（作成：筆者）

期間	利率					
	1%	2%	3%	4%	5%	6%
1年	0.9901	0.9804	0.9709	0.9615	0.9524	0.9434
2年	1.9704	1.9416	1.9135	1.8861	1.8594	1.8334
3年	2.9410	2.8839	2.8286	2.7751	2.7232	2.6730
4年	3.9020	3.8077	3.7171	3.6299	3.5460	3.4651
5年	4.8534	4.7135	4.5797	4.4518	4.3295	4.2124
6年	5.7955	5.6014	5.4172	5.2421	5.0757	4.9173
7年	6.7282	6.4720	6.2303	6.0021	5.7864	5.5824
8年	7.6517	7.3255	7.0197	6.7327	6.4632	6.2098

⑤ 年金終価係数：年価を終価に換算する係数 ＝$\{(1+i)^{n-1}\} / i$

表4-12 ⑤年金終価係数表（作成：筆者）

期間	利率					
	1%	2%	3%	4%	5%	6%
1年	1.0000	1.0000	1.0000	1.0000	1.0000	1.0000
2年	2.0100	2.0200	2.0300	2.0400	2.0500	2.0600
3年	3.0301	3.0604	3.0909	3.1216	3.1525	3.1836
4年	4.0604	4.1216	4.1836	4.2465	4.3101	4.3746
5年	5.1010	5.2040	5.3091	5.4163	5.5256	5.6371
6年	6.1520	6.3081	6.4684	6.6330	6.8019	6.9753
7年	7.2135	7.4343	7.6625	7.8983	8.1420	8.3938
8年	8.2857	8.5830	8.8923	9.2142	9.5491	9.8975

⑥ **減債基金係数：終価を年価に換算する係数＝i／{(1+i)$^{n-1}$}**

表4-13 ⑥減債基金係数表（作成：筆者）

期間	利率					
	1%	2%	3%	4%	5%	6%
1年	1.0000	1.0000	1.0000	1.0000	1.0000	1.0000
2年	0.4975	0.4950	0.4926	0.4902	0.4878	0.4854
3年	0.3300	0.3268	0.3235	0.3203	0.3172	0.3141
4年	0.2463	0.2426	0.2390	0.2355	0.2320	0.2286
5年	0.1960	0.1922	0.1884	0.1846	0.1810	0.1774
6年	0.1625	0.1585	0.1546	0.1508	0.1470	0.1434
7年	0.1386	0.1345	0.1305	0.1266	0.1228	0.1191
8年	0.1207	0.1165	0.1125	0.1085	0.1047	0.1010

＜問題4＞金利の計算
(問1) 100万円の資金を金利年6%で5年運用すると、5年後にはいくらになりますか？
(問2) 5年後に20万円になるように、ある額を金利6%で運用する金融商品に投資しようとしています。ある額とはいくらですか？
(問3) 200万円の投資案があります。設備の寿命が5年で、金利は6%とします。処分価格＝0の場合、設備は年平均いくらですか？（期末払いと仮定）
(問4) 問3のケースで処分価格が20万円の場合、設備は年平均いくらですか？

表4-8〜表4-13の換算表から、各係数は下記を使用してください。

金利＝6%、期間＝5年の場合

① 終価係数：1.3382
② 現価係数：0.7473
③ 資本回収係数：0.2374
④ 年金現価係数：4.2124
⑤ 年金終価係数：5.6371
⑥ 減債基金係数：0.1774

＜問題4の解答＞
(問1) 100万円の資金を金利年6%で5年運用すると、5年後にはいくらになりますか？
(答え) ①終価係数1.3382を用いて

$\qquad 1000000 \times 1.3382 = 1338200$ 円

(問2) 5年後に20万円になるように、ある額を金利6％で運用する金融商品に投資をしようとしています。ある額とはいくらですか？
(答え)②現価係数0.7473を用いて
　　　　200000×0.7473＝149460円

(問3) 200万円の投資案があります。設備の寿命が5年で、金利は6％とします。処分価格＝0の場合、設備は年平均いくらですか？（期末払いと仮定）
(答え)③資本回収係数0.2374を用いて
　　　　2000000×0.2374＝474800円

(問4)問3のケースで処分価格が20万円の場合、設備は年平均いくらですか？
(答え)⑥減債基金係数0.1774を用いて
　　　　474800−200000×0.1774＝439320円

＜問題5＞金利を考慮した経済性検討

　ある企業で3つの機械A、機械B、機械Cのどれに投資すべきかを検討しています。投資案はどれか1つしか選ぶことができません。それぞれに必要な投資額と、そこから得られる利益は**表4-14**の通りです。

　機械寿命はいずれも8年で、8年後の処分価格は0となります。利益は毎年度末に生じるものとします。金利を5％とすると、どの投資案を選ぶのが最も有利ですか？

表4-14 問題5：各機械の投資額と利益（作成：筆者）

投資案	投資額	利益
機械A	2,000万円	620万円
機械B	3,000万円	830万円
機械C	4,000万円	980万円

　表4-8〜**表4-13**の換算表から、各係数は下記を使用してください。

金利＝5％、期間＝8年の場合

① 終価係数：1.4775

② 現価係数：0.6768

③ 資本回収係数：0.1547
④ 年金現価係数：6.4632
⑤ 年金終価係数：9.5491
⑥ 減債基金係数：0.1047

<問題5の解答>

(1) 年価法：資金の流れを年価に換算して比較する方法

投資額に③資本回数係数0.1547を掛けて年平均を計算し、それを利益と比較する。

A案：620万円 − 2000万円 × 0.1547 ＝ 約311万円

B案：830万円 − 3000万円 × 0.1547 ＝ 約366万円

C案：980万円 − 4000万円 × 0.1547 ＝ 約361万円

→B案が最も有利です。

(2) 現価法：資金の流れを現価に換算して比較する方法

報酬額に④年金現価係数6.4632を掛けて現価を計算し、それを投資額と比較する。

A案：620万円 × 6.4632 − 2000万円 ＝ 約2007万円

B案：830万円 × 6.4632 − 3000万円 ＝ 約2364万円

C案：980万円 × 6.4632 − 4000万円 ＝ 約2334万円

→B案が最も有利です。

(3) 終価法：資金の流れを終価に換算して比較する方法

報酬額に⑤年金終価係数9.5491を掛けて終価を計算し、①終価係数1.4775を掛けた投資額と比較する。

A案：620万円 × 9.5491 − 2000万円 × 1.4775 ＝ 約2965万円

B案：830万円 × 9.5491 − 3000万円 × 1.4775 ＝ 約3493万円

C案：980万円 × 9.5491 − 4000万円 × 1.4775 ＝ 約3448万円

→この方法で計算しても、B案が最も有利です。

<問題6>金利を考慮した経済性検討

2つの機械Aと機械Bがあります（**表4-15**）。報酬が有利な投資はどちらの機械ですか？ 現価に換算して計算してください。

表4-15 問題6：各機械の投資額と報酬（作成：筆者）

投資案	投資額	報酬／年
機械A	2,000万円	580万円
機械B	3,000万円	780万円

・使用期間8年、処分価格0、利率5％
・④年金現価係数は6.4632です（**表4-11**）

＜問題6の解答＞
A案：580万円×6.4632－2000万円＝約1749万円
B案：780万円×6.4632－3000万円＝約2041万円
→B案の方が有利です。

4.5　原価の基となる条件からの原価

原価の基となる条件からの原価とは、前提条件を決めて原価計算を計算する方法です。主に次のような方法があります。

① 実績原価

実績為替レート、購入部品、内製費用などの実績の原価、当月の販売個数（生産個数）・売値など実績の数値（生産個数、価格など）を把握して原価を計算します。

② 標準原価

標準的な前提条件を決めて原価を計算する方法です。標準的な為替レート、購入部品、内製費用などの費用を平均値の前提条件で計算します。例えば、昨年の月平均原価で、販売個数（生産個数）および売値は昨年の月平均価格で計算します。

③ 予想原価

予想した前提条件を決めて将来の原価を計算する方法です。為替、予想した物価変動、予想した費用、予想した販売個数（生産個数）などの値を使用し、将来の原価・収益などを予測します。将来の変動にあらかじめ対応策を検討するときに用います。

第5章

原価企画
（商品企画と製品企画）

原価企画
(商品企画と製品企画)

　商品企画と製品企画段階の業務で原価の目標値を決めることが原価企画です。トヨタ自動車の場合は、この段階で原価の大半(90%くらい)が決まります。原価企画の業務を担当するのは商品企画部と**チーフエンジニア(CE)**です。原価企画が終わると、後工程である設計・生産準備・生産段階を担当する各部署では、原価の目標値を達成することが仕事になります。トヨタ自動車は目標の原価をほぼ100%達成しています。これは、原価の目標を立てる前に、チーフエンジニアと各部署との間で、チーフエンジニアが目標とする性能や原価を入念に検討して決めているからです。本章ではこの原価企画について解説します。

5.1　原価の業務と区分

　魅力ある製品を提供するために、企業は商品企画、製品企画[*1]、開発設計、量産試作、生産・販売の5つの業務(プロセス)を経て顧客に製品を提供します。これら5つの業務は原価の業務と連携というよりも原価と対になっているので、原価マネジメントの面から[1]原価企画、[2]原価計画、[3]原価低減——の3段階に分けます。加えて、便宜上、これらの言葉の定義を行います(**図5-1**)。

*1　トヨタ自動車では「商品企画」と「製品企画」を区分しています。「商品企画」は主に営業部門のスタッフが商品の企画を立案することです。「製品企画」は開発・設計部門が技術面から商品企画の内容を展開することです。商品の性能・品質・原価を検討して決定します。チーフエンジニアは商品企画の段階から中心的な役割を務めます。

[1]原価企画
　商品企画から製品企画の段階における業務中の原価に関する業務が「原価企画」です。トヨタ自動車の場合、この段階ではクルマ開発のプロジェクトリーダーであるチーフエンジニア(Chief Engineer：CE)が、特に原価の面で主導的な役割を果たします。

[1]原価企画		[2]原価計画		[3]原価低減
←チーフエンジニア　企画→		←設計→	←生産準備→	←生産・販売→
商品企画	製品企画	開発設計	量産試作	生産・販売
魅力ある売れる商品の企画	・商品企画に基づき製品コンセプトを決定 ・原価企画の実施	・製品企画を具現化 ・デザイン、設計、試作、評価などの開発活動	・品質の良い製品を低コストで造る活動 ・工程／設備計画、設備調達 ・製品の品質造り込み活動	・必要なものをタイムリーに生産 ・製造品質の確保 ・販売動向把握、サービス活動

〈推進部門〉

営業部門	技術部門	生産技術部門 品質保証部門 製造部門（工場）	品質保証部門 製造部門（工場） 営業部門
	チーフエンジニア　企画〜開発		

図5-1 各段階の原価マネジメントの定義（作成：筆者）

　また、会社の業務には商品開発とは別の新規プロジェクトがあります。例えば、海外のある国に新規の子会社（販売・製造）を造るなどといったプロジェクトです。この場合もプロジェクトの企画段階で、商品開発と同じように原価の企画（または利益の企画）を行います。
　本章では新製品の原価企画について主に説明します。

[2]原価計画

　開発設計段階の業務および生産準備の業務、そして営業関係における販売準備の業務における原価に関する業務を「原価計画」と定義します。これについては**第6章**と**第7章**で詳しく説明します。

[3]原価低減

　量産開始後や販売開始後の原価維持・原価低減といった原価の業務を「原価低減」と定義しています。

　以降、原価はこれらの3段階に分けて解説していきます。本章では商品企画と原価企画について説明します。

5.2　商品企画（製品企画）と原価企画の概要

5.2.1　商品企画段階と製品企画段階の原価企画

　原価企画段階の業務は、商品企画、製品企画または新規プロジェクトの企画段階である市場調査、商品企画、製品企画における原価マネジメントです。

　商品開発は多大な投資と人的資源が必要です。ヒット商品になれば利益が出ますが、ヒットしなければ、多大な投資と人的資源を回収できずに赤字になります。会社の業績を決めるほど重要な業務です。商品の原価の大半がこの原価企画における業務で決まります。次の2つの業務に取り組みます。

(1)ヒット商品にするための商品企画と製品企画
・市場を調査し、新商品を提案する。
・市場調査、他の商品と比較・検討し、売値・市場・販売台数などを提案する。

(2)原価企画
・商品企画と製品企画時に利益・原価を検討し、原価の目標値を決める。
・開発設計の原価の目標値を決定する。

5.2.2　トヨタ自動車の新商品（新製品）開発プロセス

　図5-1に示す通り、新商品（新製品）の開発には5つのプロセスがあります。(1)商品企画、(2)製品企画、(3)開発設計、量産試作、生産・販売――です。

　トヨタ自動車では、開発の最初の段階である新商品の検討および商品の企画段階を「商品企画」と呼んでいます。この商品企画で魅力ある売れる商品を企画します。主管部署は営業部門、商品企画部門です。

　続いて、この商品企画に基づいて製品コンセプトを決定していきます。これをトヨタ自動車では「製品企画」と呼んでいます。この製品企画において中心的な役割を担うリーダーがチーフエンジニアです。チーフエンジニアは開発設計部門だけではなく、営業部門の商品企画や評価実験部門、生産部門の新製品開発に関わる業務もマネジメントをします。開発を担当する車種の社長代行的な働きをするのです。新商品がヒットするかどうかは、チーフエンジニアの能力が大きく影響します。加えて、多くの部署をマネジメントするので、

人間的な魅力も必要となります。

　製品企画の次のプロセスは「開発設計」です。ここで製品企画を具現化します。具体的には、クルマのデザイン・設計・試作・評価を行います。

　続いて、「量産試作」に移行します。これは品質の良い製品を低コストで造る活動です。設計された図面を基に、工程／設備計画や設備調達を行いながら生産性の高い量産用の生産ラインを準備します。併せて、製品の品質を高める品質造り込み活動を進めていきます。

　こうして品質と性能が製品企画通りになり、量産開始できる状態になると次のプロセスである「生産」へ移行し、それとほとんど同時に「販売」が始まります。

5.2.3　商品企画の重要性

　当然ですが、たとえ技術力があっても商品が売れないと企業は儲かりません。研究開発力や生産技術、品質が優れていても、商品を顧客に買ってもらわないと企業は利益を出せません（**図5-2**）。

図5-2　商品企画と技術・品質の関係（作成：筆者）

5.3　商品企画（製品企画）とは

　商品企画とは、「顧客の潜在ニーズを見つけ出し、感動を感じてもらえる、創造的で魅力ある商品のコンセプトを考案・決定すること」です。**売れて儲かる商品を開発し、企業の収益を拡大させる**のが商品企画の目的です。すなわち、次のような商品を開発することです。

・付加価値の高い商品（高くても売れる）

・市場競争力の高い商品
・品質、コスト、納期の全てを満足する商品

では、感動を感じてもらえる商品とは何でしょうか。図5-3を見てください。

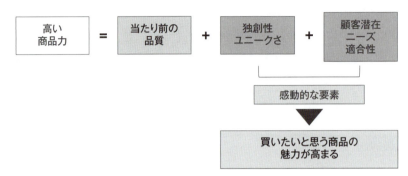

図5-3 感動商品とは？（作成：筆者）

次に、図5-4を見てください。高い商品力には、「当たり前の品質」+「感動的な要素」、すなわち独創性や顧客の潜在ニーズを満足させる感動的な要素が必要です。これが買いたいと思う魅力になり、ヒット商品となります。

商品開発の重要ポイントは、「独創性が高くユニークであり、潜在顧客ニーズに適合した、顧客が買いたいと思う商品づくり」です。

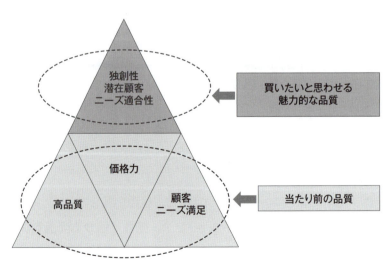

図5-4 ヒット商品の構成（作成：筆者）

5.3.1　新製品の商品企画

5.3.1.1　市場の消費傾向の変化への対応ニーズ

売れる商品と売れない商品の格差が広がっています。市場には(1)消費の二極化現象と(2)消費社会の成熟化が広がっているからです。

(1)消費の二極化現象：消費傾向の偏り
・必需品はできる限り低価格なものを購入する。
・本当に気に入ったものについては、付加価値の高い商品を購入する。

(2)消費社会の成熟化
・消費者は決して資金を持っていないわけではない。
・しかし、欲しいものは大体持っている。しかも、市場には類似商品があふれている。

こうした中でニーズに対応するためには、次を満たさなければなりません。
・顧客が買いたいと思う魅力ある感動商品の開発。
・品質、コスト、納期の全てを満足する商品の開発。

5.3.1.2　商品企画の手順（自動車の事例）

図5-5に新商品(自動車の例)の商品企画から寿命までのライフサイクルを示しました。

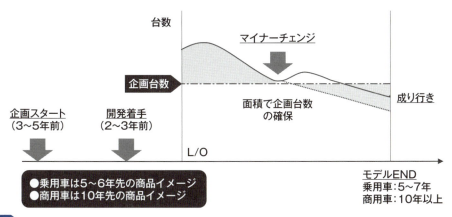

図5-5　新商品のライフサイクル（作成：筆者）

中心となるのは、チーフエンジニアです。商品企画の段階では、販売部と商品企画部のスタッフがチーフエンジニアに要望を出しながら、商品企画の業務をサポートします。

チーフエンジニアによる商品企画は、車両の量産開始（ほぼ発売開始）時点に対して3～5年前に開始します。乗用車では5～6年先の商品イメージを、商用車では10年先の商品イメージを創り上げることが必要です。しかし、インタビュー調査やアンケート、フォーカスグループインタビュー（FGI、共通の属性を持つユーザーによる小規模なグループインタビュー）などで得られた「回答」は、現行モデルの評価や改善要望が主で、将来についてはせいぜい3年先ぐらいまでの商品をイメージするので精一杯です。ベストセラーやロングセラーを実現する魅力的な商品企画を生み出すのは困難を伴います。

商品イメージを確立するのは開発リーダーであるチーフエンジニアが中心であり、プロジェクトの成否はチーフエンジニアの能力にかかっているといえます。従って、開発リーダーであるチーフエンジニアの能力がとても重要になります。実際、この商品企画ではチーフエンジニアが中心となって(1)マクロな市場環境の把握、(2)具体的な活動、(3)「仮設定した商品イメージ」の具体的な「見える化」、(4)ポジショニング――を行います。

(1)マクロな市場環境の把握：調査部門＋商品企画部＋チーフエンジニア

開発リーダーである製品企画部門のチーフエンジニアが主導して、次の業務を行います。
・製品の導入予定国の政治・経済見通し
・自動車保有状態の現状と将来予測
・物流・人流・交通状態の将来予測
・税制・法規の動向調査
・技術の進化予測、その他

(2)具体的な活動：CE＋商品企画部

これは新商品のライフサイクルを企画する活動です。**図5-5**を参照してください。
① マクロ調査の結果から開発リーダー（チーフエンジニア）が商品イメージを仮設定する。
② 開発する商品の役割・位置付けを行う。
③ 開発リーダー（チーフエンジニア）が蓄積した情報や、思い・夢を反映させる。
④ 発売直後だけではなく、モデル中期あるいは末期までを見据えた商品イメージを構築する。

(3)「仮設定した商品イメージ」の具体的な「見える化」：CE＋商品企画部

ここではインタビューやアンケート、フォーカスグループインタビュー、市場観察などにより、次の2つを行います。

① 商品イメージの正当性検証、肉付け
② 特性別のユーザー期待値を把握

自動車の市場調査の例（主要市場）

次の4つの調査、①国内販売店および海外代理店の調査、②ユーザー調査、③フォーカスグループインタビュー、④定点観測——を行います。

① 国内販売店および海外代理店の調査
・市場動向、競合状況、現モデルの評価、次期モデルへの要望
② ユーザー調査（インタビュー）（**図5-6**）
・現モデルの評価、次期モデルへの要望、価格＆各性能の期待値

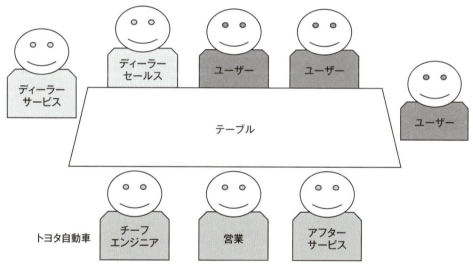

図5-6 ▶ 顧客とディーラーの対談例（作成：筆者）

ディーラーへの主な質問は販売状況、不具合状況、要望などです。顧客への主な質問はクルマへの評価（要望や問題点など）です。
③ フォーカスグループインタビュー（**図5-7**）
・自社ユーザーの素直な評価および次期モデルへの要望、競合車ユーザーの評価、競合車ユーザーを自社ユーザーにする方策

顧客への主な質問は、トヨタ自動車のクルマに対する評価（要望や問題点など）や、次に買いたいクルマ、欲しいと思うクルマなどです。
④ 定点観測
・市場：市場で使用されている車両の変遷、荷姿の変遷

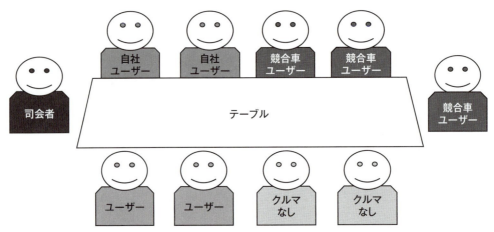

図5-7　フォーカスグループインタビューの例（作成：筆者）

・観光地：駐車場に駐車している車両の変遷、ドライバーのコメントとヒアリング
・スーパーマーケット駐車場：駐車している車両の変遷、外板色の変化など
・空港駐車場：使用されている車両の変遷
・タクシーステーション：使用されている車両の変遷
・ドライバーヒアリング(自車評価、競合社評価、期待値)

(4)ポジショニング(該当商品の市場の把握)：販売部＋商品企画＋CE

　このポジショニングは、クルマの市場での位置付けを見るものです。縦軸が売値、横軸が車体や排気量の大きさで、円の大きさで販売量を示します。「商品企画」を出す前に、このポジショニングで市場性やライバル車との競合などを販売サイドが中心になって検討します。**図5-8**および**図5-9**を見てください。

　ポジショニングは、当該の商品を取り巻く市場環境や競合関係を把握する手法です。こうしたポジショニングを作成することで市場の解析を行い、当該の商品の位置付けや商品力などを検討して、新商品のイメージを作り上げます。

　これにより、販売部門が常用する「4P分析」、すなわちProduct（商品・製品）、Price（価格）、Place（立地・流通）、Promotion（広報・宣伝）の分析のうち、ProductとPriceの位置付けが明確になります。

　商品の売値は同じ性能・品質であれば、市場が決めます。当然ながら、新商品を市場に出す目的は利益を出すことです。トヨタ自動車では次の式を使っています。

　利益＝市場が決めた価格－原価

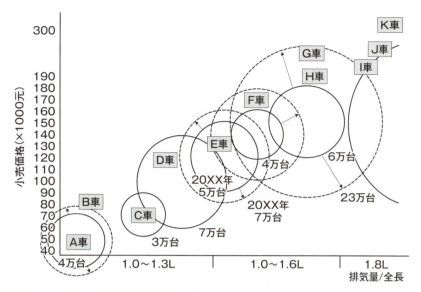

図5-8 ポジショニングの例（出所：堀切俊雄，『トヨタの原価』，かんき出版.）

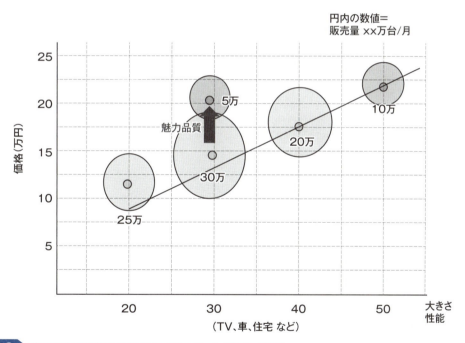

図5-9 商品と市場価格の分析（Positioning）（作成：筆者）

「原価＋利益＝売値」、すなわち原価を積み上げて利益を乗せたものが売値になるわけではありません。利益を出すには原価を下げる、もしくは市場が認めた付加価値の高い商品にする必要があります（第3章**図3-6**参照）。

新商品で利益を出すには、ポジショニングの分析において、商品別の分析だけではなく、

その商品のグレードや細部の仕様（オプション）も含めた総合的な付加価値（売値）で検討する必要があります。

このように、さまざまな市場調査を行います。ただし、商品企画は営業サイド（ユーザー）の要望が強い商品の企画になっていることが多いため、技術的に実現できる製品企画をチーフエンジニアが設計者と相談しながら考え、3～4つの製品企画の構想をつくります。

5.3.2 チーフエンジニアによる製品企画

トヨタ自動車ではチーフエンジニア（CE）が中心になって商品（製品）を企画しています。環境変化や市場動向を把握して変化を的確に捉え、かつ顧客の潜在ニーズを捉えた魅力ある商品（製品）企画を練り上げるのです。

図5-10は市場調査活動を示したものです。チーフエンジニアは製品イメージを固めるために必要な全ての情報をタイムリーに漏れなく集めて企画を作成し、図面に反映させます。

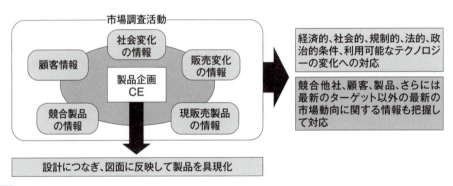

図5-10 市場調査活動（作成：筆者）

具体的な調査内容には、環境変化や市場動向などがあります。環境変化では、経済的・社会的・規制的・政治的条件や、テクノロジーなどの変化を調べます。市場動向では、競合他社や顧客、競合商品に関する情報を調べて市場動向をつかみます。こうして調査した結果は、それぞれの専門家が解析し、企画に反映すべきことを明確にして方向付けを行います。商品（製品）企画が完成したらチーフエンジニアが設計に指示し、図面に反映して具現化します。

トヨタ自動車ではこれらを調査・解析する専門の調査部門があり、グローバル展開として地域や国別に部署を設置しています。加えて、いわゆる**現地現物**の考えの下、それぞれの国に現地駐在員事務所を設置し、そこでも調査も行っています。自前で調査できない内容は調査機関も活用して情報を収集します。

また、社内の情報や要望についても、社内外の関係部署からチーフエンジニアに直接情

報が集まる仕組みが構築されています（**図5-11**）。**大部屋活動**もその1つです。技術部門以外の全ての関係部署ともつながっています。部品メーカーの情報も調達部門経由で集約しています。

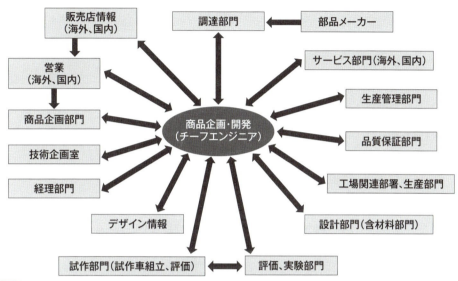

図5-11 チーフエンジニア（CE）の情報収集の仕組み（作成：筆者）

5.3.2.1 製品企画のプロセス

図5-12は新製品の開発方針を決定するために実施する調査の流れと調査項目を表しています。

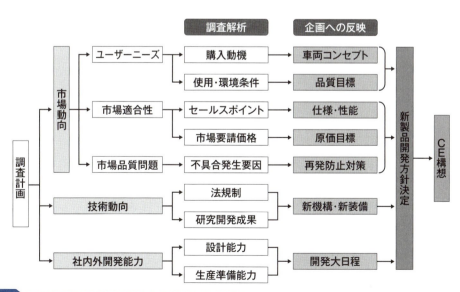

図5-12 新製品開発の調査の流れと項目（作成：筆者）

主な内容は市場動向や技術動向、社内や部品メーカーなどの開発能力です。市場動向調査では、チーフエンジニアが自ら現地に行ってユーザーニーズや市場環境への適合性などを調べる場合もあります。民間調査機関なども活用して調査します。

　新規導入車両の場合はさらに、各部門の代表者による現地調査隊を編成し、海外の導入国に派遣して市場環境への適合性などを調査します。技術動向は専門の調査・企画部門があり、チーフエンジニアに最新情報を報告・提案します。

　そして、チーフエンジニアは調査結果や提案内容を分析し、商品（製品）企画へ反映すべき内容を明確にした後、開発方針を決定して、開発のチーフエンジニア構想（**CE構想**）を作成します。

　商品企画と製品企画の関係は**図5-13**の通りです（自動車の事例）。商品（製品）企画は販売部および商品企画部が主幹となりますが、チーフエンジニアも参画します。その後の製品企画では、開発設計部門の製品企画室のチーフエンジニアが主幹となります。

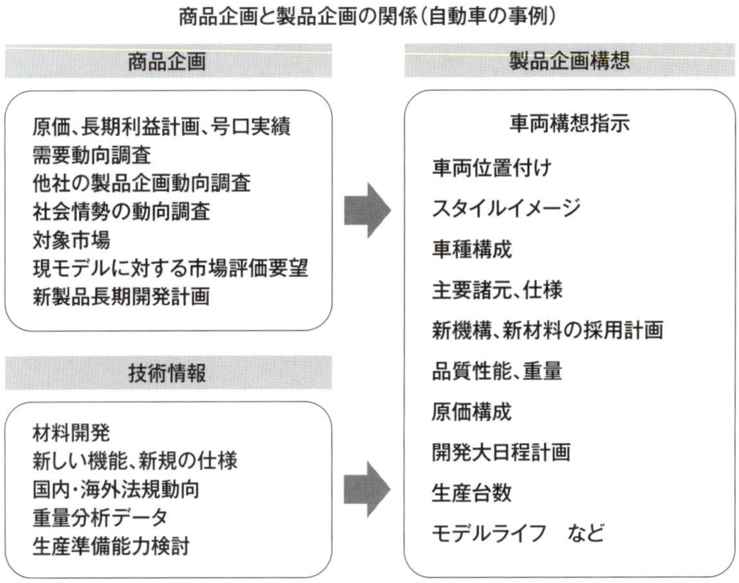

商品企画と製品企画の関係（自動車の事例）

商品企画
- 原価、長期利益計画、号口実績
- 需要動向調査
- 他社の製品企画動向調査
- 社会情勢の動向調査
- 対象市場
- 現モデルに対する市場評価要望
- 新製品長期開発計画

技術情報
- 材料開発
- 新しい機能、新規の仕様
- 国内・海外法規動向
- 重量分析データ
- 生産準備能力検討

→ **製品企画構想**

車両構想指示
- 車両位置付け
- スタイルイメージ
- 車種構成
- 主要諸元、仕様
- 新機構、新材料の採用計画
- 品質性能、重量
- 原価構成
- 開発大日程計画
- 生産台数
- モデルライフ　など

図5-13 商品企画と製品企画の関係（自動車の事例）（作成：筆者）

　製品企画構想の主な内容は次の通りです。
- どのようなクルマを造るのかという製品コンセプトなど
- どの地域に何台販売するのかという導入地域と企画販売数
- 製品の品質・性能の目標や仕様の詳細、採用する新技術・新機構
- 利益確保、採算性を明確にするための原価目標
- 必要な開発リソース、開発費の目標、開発工数

・販売開始時期を成り立たせるための開発大日程、生産準備日程など

こうした製品企画の内容は、実現可能な内容でなければなりません。開発提案するときに、経営トップに実現性を厳しく審査されるため、関係部署と十分に調整して、裏付けされた内容にする必要があります。

図5-13の製品企画構想における「新機構、新材料の採用」では、所定の性能や品質を達成できるめどを立ててから、採用を行います。

「原価構成」は構想の中の主要な項目になっています。各設計部署はもちろん、設計部署以外の各部署に原価の構想を指示します。この段階の前からチーフエンジニアと各部署は原価について検討し、原価の目標値を定める活動を始めています。製品企画の構想と原価の構想は同時期に検討を開始しています。

新製品(商品)による利益＝(売値－原価)×販売台数です。従って、商品企画段階と製品企画段階の原価企画で原価の大部分(90％以上)が決まります。

この段階で原価の検討を行うため、各部署が新製品の性能や品質などの魅力品質(および販売量)を考慮した上で原価を検討できるようにしなければなりません。そのためには、各種のノウハウを可視化した原価検討の仕組みを整えるほか、各部署のスタッフに原価への理解を深め、原価の推定する力を身に付けさせる必要があります。

CE構想では、図5-14に示すように2Dによる1/5縮尺の図面を作成し、同時に3Dでの車両全体図も作成します。

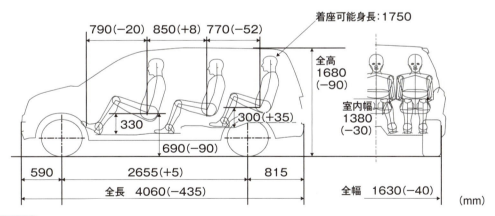

図5-14　1/5車両全体計画図(自動車の事例)(作成：筆者)

各設計から提出されたユニット・部品の計画図を取り込んで車両全体図も作成し、レイアウトの成立性を検討します。1/5車両全体計画図(2D)と車両全体図(3D)は、ここで決定した内容をベースに各設計が詳細図面の作成に取り掛かるので、大変重要な計画図です。

図5-15に製品企画時の留意点を示しました。「狩野モデル」と呼ばれるもので、顧客が求める品質を可視化し、顧客の満足度を高めるためのモデルです。横軸に物理的な充足状況を、縦軸に顧客の満足度をとっています。開発者および設計者は機能（例えば、クルマの加速度や最高速度など）を上げることに重点を置きがちです。これは物理的充足を高める方向ですが、顧客の満足度は別の観点（軸）にあります。顧客を満足させるのは、魅力的な性能や品質です。もちろん、クルマの加速度や最高速度などを重視する顧客もいますが、大半の顧客はデザインや乗り心地、使いやすさなどを重視します。

　商品によってどこに重点を置くかは変わります。大切なのは、技術者のみの目線で判断するのではなく、ユーザー（顧客）の目線で商品の満足度を高めることです。この点を注意しながら製品企画構想を立案します。

　続いて、原価企画の構想について説明します。

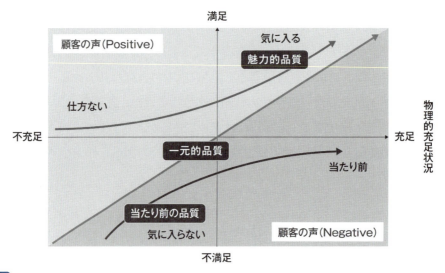

図5-15 品質と顧客の満足度の関係「狩野モデル」（作成：筆者）

5.4　原価企画とは

　開発の早い段階から、製品企画構想で設定した商品の性能や品質を適正な価格で提供できるように目標原価を決定し、全部門で目標達成に向けて取り組みます。経営層によって設定された製品全体の利益や原価の目標を、構成部品ごと、あるいは設計担当部署ごとに振り分けて、全部門が協力して原価の造り込みに取り組みます。

　製品の原価の90％は商品企画段階と製品企画段階の原価企画でほぼ決まってしまうため、大変重要な活動です。この原価企画の構想や原価の目標設定、原価の達成推進はチーフエンジニアの重要な業務の1つです。

図5-16は原価企画時の原価低減の効果です。繰り返しますが、トヨタ自動車では「製品の価値や原価、造りやすさの90％以上は商品企画段階と製品企画段階の原価企画で決まる」と言われています。すなわち、開発初期の製品企画の段階で低減活動をしっかりやれば、大きな効果を出せるということです。こうして、製品企画段階で製品の狙いと目標性能、そして原価の配分（部署別、設計別、部品別）などが決まるので、製品イメージの大枠が決まります。

　そして、原価企画に続く「原価計画」の段階で、具体的な製品の形が決まっていくので、それを造るための材料や設備、工程なども順番に決まります。こうして、製品を造るための材料や設備、工程など製品づくりの主要な要素がこの段階で決まるので、原価の大枠が原価企画と原価計画で決まってしまうというわけです。

　量産を開始した後では、ムダ取りなどの小改善しかできず、効果は小さくなります。

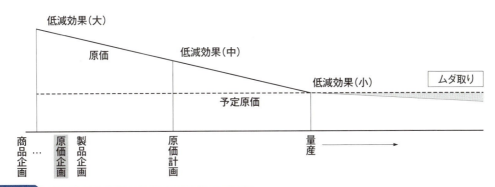

図5-16 原価企画時の原価低減の効果（作成：筆者）

5.4.1　原価企画の進め方

　原価企画は従来、差額原価方式で進めていました。VE（Value Engineering：価値工学）案や原価低減案を積み重ねて原価を削減していました。ところが、原価低減案を何度作成しても、低減案にある項目しか原価が下がりません。そのため、時間がかかる割に原価低減の効果が少ない上に、後に実際に車両全体の原価を計算すると誤差が大きくなります。そのため、今ではこの差額原価方式は採用されていません。現在は予算型原価企画の方法を採用しており、これを**図5-17**のように各部品まで展開しています。

　予算型原価企画は「総原価方式（絶対値見積もり）」とも呼ばれています。全社が一丸となって目標原価を達成する活動に取り組む、効果の期待できるやり方です。

　方法としては、経営者が決定した目標利益を売値（仕切価格）から差し引き、「総原価」を

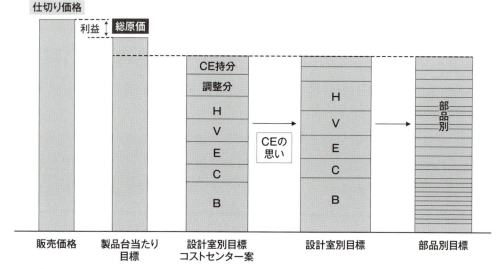

図5-17 予算型原価企画（作成：筆者）

決めます。そして、総原価から製造費・物流費を差し引いた金額をユニット別・構成部品別・部署別に割り振って、それぞれの目標を全関係部署に展開します（**図5-17**の「H」「V」「E」「C」「B」は設計部署名を表しています）。

　各部署の担当者にとっては、自分が担当する部品の目標原価が明確になり、活動に取り組みやすくなります。さらに各部品の「原価構成」を「見える化」することで、どの費目に原価をいくら使ってよいのか、あるいは、どの費目を低減する必要があるかが明確になります。トヨタ自動車ではこの方法で各部署が目標意識を持って自主的に活動し、製品全体の目標を達成しています。

　最初に行う総原価の目標の振り分けでは、各部署間で利害による駆け引きがあります。そのため、それぞれの部署の意見を聞きながら割り振りの配分を調整するまとめ役の存在が必要です。トヨタ自動車では、このまとめ役をチーフエンジニアが担います。全体最適になるように公平に調整するのです。これも原価企画がうまく進む秘訣の1つです。

　ここで、コストセンター室もチーフエンジニアや各設計室の原価の業務をサポートしています。ただし、原価の目標値の設定から達成までのマネジメントはチーフエンジニアが担っています。

5.5 商品企画と原価企画の事例

　ここで、商品企画と原価企画の事例を紹介しましょう。この事例は、中国の自動車メーカー（国営企業）とトヨタ自動車が新たに中国で合弁会社を造り、その合弁会社に新商品「MBC Ⅴ」（仮の車名、以下同じ）を導入する新規プロジェクトです。

　この新商品はトヨタ車ブランドで、新たにトヨタ自動車の販売店網を構築します。また、既存の合弁相手である中国の自動車メーカーにも、新商品の派生車（「MBC Ⅰ」と「MBC Ⅱ」）を導入します。これらの派生車は、商品強化および開発車両の原価低減のために、台湾市場とタイ市場にも導入します。

　それでは、この新規プロジェクトの商品企画案を見ていきましょう。

「MBC」の商品企画（案）：中国販売部

　「MBC Ⅴ」のラインアップは「MBC Ⅴ」本体と派生車である「MBC Ⅰ」および「MBC Ⅱ」から構成されている。

(1)乗用車市場の現状

・1998年における（中国の）国産車の総生産台数は163万台（前年比103％）。このうち、乗用車は51万台（前年比105％）で、乗用車比率は31％だった（**図5-18**）。
・乗用車の生産合数は1990年代初頭より着実に伸長し、1992年から1998年の6年間で約3倍の規模に拡大した。
・乗用車市場における最大のセグメントはミディアムだが、1997年以降、スモールの市場の伸長が顕著である（**表5-1**）。ドイツVolkswagen（フォルクスワーゲン）の「ジェッタ」、フランスCitroen〔シトロエン、欧州Stellantis（ステランティス）〕の「シトロエン」、スズキの「アルト」が牽引している。

(2)今後の乗用車の市場見込み

・マクロ経済の見通し：5～10％の高度経済成長を継続すると予想する。
・乗用車市場：高度経済成長に支えられ、乗用車市場は年率5％の成長が見込まれる。2010年には100万台の市場（1998年の2倍の規模）が期待できる。
⇒保有水準の低さ、個人富裕層の拡大、新型車の投入、生産能力の拡大が伸長の要因
・セグメント別：ホンダの「アコード」、Volkswagenの「パサート」、米General Motors（ゼネラル・モーターズ）の「ビュイック」など、ミディアム／ラグジュアリーの新型車の投入は

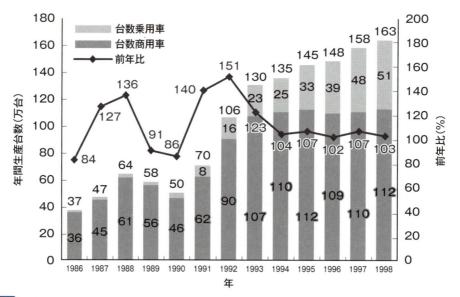

図5-18 「MBC」の商品企画案：中国市場の規模（作成：筆者）

あるものの、①個人市場の伸長、②公務員貸与車の廃止、③銀行ローンの復活、④ガソリン税改訂などにより、スモールセグメントの伸長が大きいと見込まれる。
⇒他社も今後、積極的にスモール車を投入の見込み〔Volkswagenの「ポロ」「ボーラ」、ドイツOpel Automobile（オペル）の「アストラ」、Ford Motor（フォード・モーター）の「フォーカス」、フランスRenault（ルノー）の「セニック」〕
・ユーザー層別：従来のタクシーおよび企業中心の市場から個人市場への大きなシフトが見込まれる（**表5-2**）。企業は国有企業に代わり郷鎮企業（中国の農村企業）や私企業が市場の担い手であり、タクシー市場は漸増と見込まれる。

「MBCⅠ」「MBCⅡ」「MBCⅤ」の商品企画（案）：中国○○部
(1)基本的な考え方
・今後最も成長が期待されるスモール車市場のユーザーを層別し、中国との合弁会社にはまず、トヨタ車ブランド「MBCⅤ（MBCの中国市場向け車種）」を導入し、並びに中国側の会社にも車両（「MBCⅠ」と「MBCⅡ」）の最適商品を投入（**表5-3**）。これにより、最適ラインアップを構築する。
・成長著しい個人市場を本格的に攻略できる最適商品を企画（特に「MBCⅤ」）。
・スモール市場での競合車の動向を注視した商品を企画〔特に5A（エンジンの形式）、A/T（自動変速機）の設定は必須〕。

表5-1 「MBC」の商品企画案：セグメント別市場予測（作成：筆者）

台数：千台

	1998年		2000年		2005年		2010年		2010/1998年の比較	
	台数	シェア	台数	シェア	台数	シェア	台数	シェア	台数増	伸び率
スモール	235	46%	275	48%	380	48%	500	50%	+265	213%
ミディアム	247	49%	260	46%	360	46%	440	44%	+193	178%
ラグジュアリー	26	5%	35	6%	50	6%	60	6%	+34	231%
合計	508	100%	570	100%	790	100%	1000	100%	+492	197%

表5-2 「MBC」の商品企画案：ユーザー層別市場予測（作成：筆者）

台数：千台

	1998年			2010年			2010/1998年 伸び率
		台数	シェア		台数	シェア	
タクシー	都市部：ほぼ充足 内陸部：未開拓	163	32%	都市部：代替需要中心 内陸部：新規需要の期待	200	20%	123%
企業	国有企業：年々シェア低下 郷鎮・私企業：需要拡大中	224	44%	国有企業：企業数低下に伴い限定的 郷鎮：業績拡大に伴い 私企業：増車需要高い	400	40%	179%
個人	企業貸与車、政府規制、インフラ未整備等により個人所有は制約されていたが、1998年に入り急速に市場拡大中	121	24%	今後の市場拡大の牽引車 ・富裕層の拡大 ・公務員貸与車一部廃止 ・銀行ローンの普及等により最も高い成長が期待できる	400	40%	331%
	計	508	100%	計	1000	100%	197%

表5-3 「MBCⅠ」「MBCⅡ」「MBCⅤ」の商品企画案：2005年と2010年の導入計画（作成：筆者）

台数：千台

	2005年	2010年	
MBCⅠ	30	30	
MBCⅡ	70	70	
MBCⅤ	50	70	MBCⅤは企画台数：5万台
現春利車	20	20	2010年には市場の伸びに対応
計	170	190	7万台以上の販売を狙う
スモール内シェア	45%	38%	スモール市場でのマーケットリーダーの座を堅持
スモール市場	380	500	

(2) ターゲットユーザー別購入の重視点と投入車種

これについては**表5-4**の通り。

表5-4 「MBCⅠ」「MBCⅡ」「MBCⅤ」の商品企画案：ユーザー別の購入の重視点と投入車種
（作成：筆者）

	購入の重視点	投入車種			
		現春利車	MBCⅠ	MBCⅡ	MBCⅤ
個人	－価格・車格のバランス（エントリーモデルは価格重視） －外観／内装デザイン －E/G性能（Fun to drive） －居住性・品質	○	○	◎	◎
企業 （郷鎮・私企業・国有企業）	①幹部用 －車格・外観（ステータスを感じさせる） －居住性・品質				◎
	②業務用 －価格・維持費・品質		○	○	
タクシー	①都市部 －価格・維持費・品質・居住性・E/G排気量	△	○	◎	○
	②内陸部中小都市・農村部 －価格・維持費	◎			

(3) 投入車種の位置付けと商品企画のポイント

これについては**表5-5**の通り。

表5-5 「MBCⅠ」「MBCⅡ」「MBCⅤ」の商品企画案：投入車種の位置付けと商品企画のポイント
（作成：筆者）

	位置付け	商品企画のポイント	企画台数	競合車
現春利車	・低価格志向のタクシーユーザー、内陸部需要確保のため残置	・コストアップのない範囲での品質・耐久性改善	20	カルト カルタス
MBCⅠ	・個人エントリー：ユーザー吸引 ・業務用車の市場開拓	・現号夏利価格帯維持を大前提に外観・居住性・品質を向上	30	ポロ コルサ カルタス
MBCⅡ	・都市部タクシー市場攻略の戦略 ・業務用車の市場開拓	・同上	70	シトロエン
MBCⅤ	・個人市場開拓の最重要戦略車種 ・郷鎮・私企業市場開拓 ・幹部用車の市場開拓 ・都市部タクシー市場攻略	・MBCⅠ・Ⅱからは車格・居住性・外観／内装デザインを大幅に変更し、明確にセグメントを分けてスモールハイセグメントのマーケットリーダーを担う ・高排気量車、A/T車導入 ・豪華装備車の設定	50	ジェッタ シトロエン フォーカス ボラ

(4) ラインアップ展開（E/GとT/M）

これについては**表5-6**の通り。

表5-6 「MBCⅠ」「MBCⅡ」「MBCⅤ」の商品企画案：ラインアップ展開 （T/MとE/G）T/M：変速機、E/G：エンジン（作成：筆者）

	T/M	E/G 1.0 (CB)	E/G 1.3 (8A)	E/G 1.5 (5A)	ターゲットユーザー 個人	ターゲットユーザー 企業	タクシー 都市部	タクシー 内陸部
現春利車	5M/T	◎	○		○		△	◎
MBCⅠ	5M/T	◎	○		○	○（業務用）	○	
MBCⅡ	5M/T	○	◎		○	○（業務用）	◎	
MBCⅡ	4A/T		○		○			
MBCⅤ	5M/T		○・−	◎		◎（幹部用）	○	
MBCⅤ	4A/T		△	◎	○			

(5)「MBC」のラインアップ台数の計画

台数計画の考え方については**表5-7**の通り。ここでは**図5-19**に示すように、「MBCⅠ」および「MBCⅡ」のポジショニングを行った。

(1) 合弁会社車両並びに中国側の現春利車は2002年半ばに同時立ち上げとする。
(2) 中国側ブランド「現春利車」（従来の中国販売店専用のブランドの車種）は「MBCⅡ」を先行で立ち上げる（中国側の要望）。
(3) 2005年で合弁会社の車両と現春利車モデル車は企画台数レベルを達成。
(4) 合弁会社の車両は2010年以降の能力増強により7万台以上の販売を目指す。

以上が「MBC」の商品企画案です。ここで大切なのは、営業部または事業部が市場を分析し、販売台数と売値を提案することです。

原価企画を検討するときに、この売値と販売台数が原価企画時の企画台数および企画時の売値となります。従って、将来の利益は**（①売値−②コスト）×③販売数**なので、原価企画において非常に重要な値となります。

表5-7 「MBCⅠ」「MBCⅡ」「MBCⅤ」の商品企画案：「MBC」のラインアップ台数の計画（作成：筆者）

生産台数：千台			2002年	2003年	2004年	2005年	2007年	2010年
現春利車	1.0 (CB)	5M/T	85	80	60	15	15	15
	1.3 (8A)	5M/T	30	30	20	5	5	5
		計	115	110	80	20	20	20
MBCⅠ	1.0 (CB)	5M/T	−	−	8	23	23	23
	1.3 (8A)	5M/T	−	−	2	7	7	7
		計	−	−	10	30	30	30
MBCⅡ	1.0 (CB)	5M/T	2	4	12	30	30	30
	1.3 (8A)	5M/T	2	4	13	28	28	28
		4A/T	1	2	5	12	12	12
		計	3	6	18	40	40	40
		計	5	10	30	70	70	70
MBCⅠ+Ⅱ			5	10	40	100	100	100
MBCⅤ	1.3 (8A)	5M/T	2	8	12	15	18	20
		4A/T	−	−	−	−	−	−
		計	2	8	12	15	18	20
	1.5 (5A)	5M/T	2	8	12	22	21	15
		4A/T	1	4	5	14	21	35
		計	3	12	18	35	42	50
		計	5	20	30	50	60	70
中国側ブランド（現春利車+MBCⅠ・Ⅱ）		計	120	120	120	120	120	120
トヨタブランド（MBCⅤ）		計	5	20	30	50	60	70
中国側+トヨタブランド		計	**125**	**140**	**150**	**170**	**180**	**190**

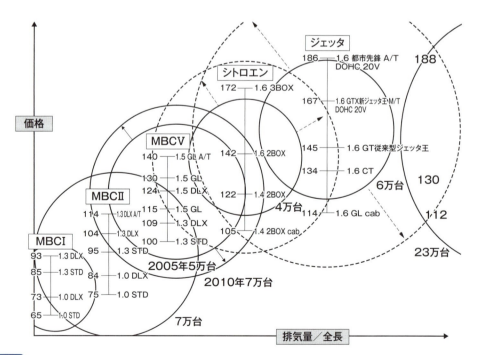

図5-19 「MBCⅠ」「MBCⅡ」「MBCⅤ」の商品企画案：「MBCⅠ」「MBCⅡ」「MBCⅤ」のポジショニング（作成：筆者）

5.6　チーフエンジニアによる新製品開発の提案

　CE構想を経て、チーフエンジニアは新製品の開発提案を次の2つの会議体に提案します。

(1)製品開発会議

　委員は開発部門のトップと営業部門のトップ、生産部門のトップ、経理部のトップの4人です。主にチーフエンジニアが性能や品質、原価に関して説明を行って提案します。この提案を基に会議体が新製品の開発について承認を行います。

(2)原価企画会議

　経理部のトップ、開発部門のトップ、営業部門のトップ、生産部門のトップが原価企画会議の審査委員を務めます。この会議体で、チーフエンジニアが原価企画書を提案します。チーフエンジニアは特に原価面、すなわち新製品の利益への貢献額や原価の目標値について説明します。会議体の審査委員がこの提案内容を審査し、新製品開発の承認を行います。

　この会議体で承認を受けた新製品の性能と品質、原価の目標値が会社としてオーソライズされ、全社の部署において業務の必達の目標値となります。
　そして、チーフエンジニアが全部門に対して開発する新車種のリーダー、かつその車種の社長格となって、新製品のプロジェクトをマネジメントしていきます。チーフエンジニアを補佐することがトヨタ自動車の各経営者の役目です。
　ここで、トヨタ自動車のチーフエンジニア制度を見てみましょう。

5.6.1　CE制度とは

　トヨタ自動車はチーフエンジニア制度(以下、CE制度)を採用しています。チーフエンジニアはもともと主査と呼ばれており、トヨタ自動車は1952年頃からこの主査制度を導入しています。これは、1人の主査(製品企画室主査)に担当プロジェクトに関する企画から開発、製造、販売の全てを委ねることで、全決定権と全責任の所在を一元化する製品開発体制です。
　トヨタ自動車のCE制度は、製品開発に関する全ての決定とその結果についてチーフエンジニアが責任を持つ制度です。チーフエンジニアは「製品の社長」とも呼ばれ、担当車種に関する企画から開発、生産、販売までを一手に指揮・監督する重要な役職です。
　本章の内容はチーフエンジニアが主役になるので、ここからはCE制度について説明します。

チーフエンジニアは各設計の機能組織を組織横断する形で活動します(**図5-20**)。

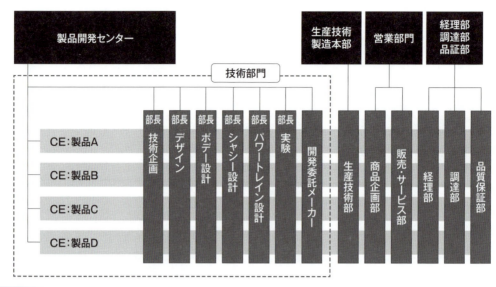

図5-20 CEの所属と管轄(作成：筆者)

チーフエンジニアは製品開発センターに所属しています。**図5-20**はCE制度の組織横断での運営体制を表しています。「A製品」から「D製品」がチーフエンジニアごとの製品開発のプロジェクトです。

CE制度において、開発プロジェクトの組織運営は組織横断の活動で実行します。会社としての組織は機能別の縦割り(縦軸)ですが、チーフエンジニアは製品軸(横軸)で各部門の担当者を束ねて、機動的に開発を推進します。縦割りの組織のため、チーフエンジニアは各設計の担当者に対する人事権は持ちません。それでも、担当者はチーフエンジニアの指示に従って協力的に取り組みます。これはCE制度の長い歴史から培われた企業風土と、「良いクルマを造り、お客様に喜んでいただいて社会に貢献したい」というチーフエンジニアの情熱に対する共感の賜物です。

5.6.1.1 CEグループの構成

チーフエンジニアの下には各分野の専門知識を持ったアシスタントチーフエンジニアやアシスタントマネジャーがおり、関係部門や機能の統括業務を分担しています。チーフエンジニアの得意分野ではない専門技術について、判断のためのアドバイスや調整をサポートします(**図5-21**)。

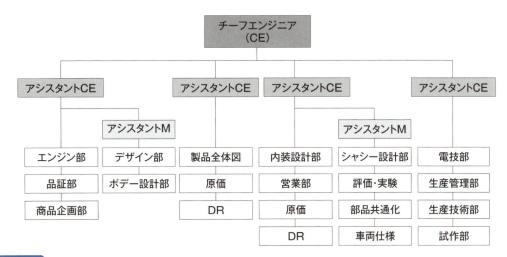

図5-21 CEグループの構成（作成：筆者）

　1つの車種モデルのCEグループは5～10人の専任サポートメンバーで構成されます。アシスタントチーフエンジニアやアシスタントマネジャーと呼ばれるメンバーで、各分野の専門知識を持ち、開発経験のある技術者です。チーフエンジニアは設計経験者が多いのですが、自動車開発に必要な全ての分野を知り尽くしているとは限りません。そこで、各分野の設計経験者で専門分野の技術知識を持ったメンバーがチーフエンジニアのサポート役として付くのです。

　サポート役は、それぞれ得意な技術領域の部署を担当し、まとめ役として企画や開発を推進します。また、原価や部品の共通化、デザインレビュー（DR、設計審査）といった重要な取り組みテーマをチーフエンジニアの代わりにリーダーとして推進します。

5.6.1.2　CE制度を成功させるには

　CE制度の導入を成功させるにはどうすればよいのでしょうか。最近では、トヨタ自動車以外の自動車メーカーや製造業でもチーフエンジニアのポストを設ける企業があります。ところが、そうした企業から、トヨタ自動車のCE制度とは違ってうまく機能していないという話が聞こえてきます。これはすなわち、CE制度を形式的に導入するだけではプロジェクトは成功しないということを意味しています。成功に導く方法は2つあります。

　1つは、チーフエンジニアを中心に全関係部署がそれぞれの機能を発揮し、協力する企業風土を確立させることです。こうした企業風土を確立させ、定着させるために必要な要素は主に4つあります。

(1) CE制度の仕組み・ルールを会社として標準化すること。そして、経営トップがチーフエンジニアに権限を委譲し、サポートすることです。
(2) 大部屋による組織横断活動が機能すること。これにより、全関係部門が一丸となって目標に向かって進んでいくことができます。
(3) 卓越した能力・資質を備えたチーフエンジニアを任命すること。チーフエンジニアは皆の意見を公平に聞き、誰もが納得できる公正な判断を行います。これによって信頼を得て、リーダーシップを発揮して開発を円滑に進めます。
(4) 開発に参加するメンバー全員の活性化。全員で価値観と目的を共有し、何をすべきかを理解して、自主的に行動することで成果を生み出せます。また、活性化のためには人材を育成する必要もあります。

　もう1つの方法は、CE制度を導入する以前に、会社全体で新製品開発を実現するさまざまな仕組みを作って機能させることです。具体的には、製品企画や開発設計、原価企画、生産、販売、調達のシステムです。
　トヨタ自動車では開発に関わる主要3部門、すなわち①営業販売部門と②開発設計部門、③生産部門においてマネジメントシステムが確立されています。加えて、原価企画を含め、会社全体で原価低減に取り組む原価管理の仕組みやシステムも確立されています。さらに、開発をサポートする管理部門でも業務の仕組みがしっかりと整備されています。
　これらの仕組みがきちんと整備されていることでCE制度がうまく回り、企画通りの魅力ある良い製品を実現できるのです。

5.6.2　開発提案のサンプル

　トヨタ自動車のCE制度を前提として、先の中国市場向け自動車開発の事例に戻ります。開発提案のサンプルを基に、製品企画時の原価企画について説明していきます。
　チーフエンジニアは中国販売部の要望を受け、中国向けに新車種「MBC」の開発に着手します。その後、アジア販売部の要望を受け、車種のバリエーションを増やした「MBC」のシリーズとしての製品企画を策定し、製品企画会議と原価企画会議に上程します。
　ここで、新車種「MBC」のシリーズ展開は以下の通りです。
・中国向け新車種：「MBC」（当面は「MBCⅤ」、その後で「MBCⅠ」および「MBCⅡ」を追加）
・台湾市場の新車種：「MBCⅠ」
・タイ市場の新車種：「MBCⅢ」

「MBC」の開発提案：派生車種「MBC V」、「MBC I」、「MBC II」、「MBC III」

提案者：第〇開発センター　チーフエンジニア　□□□□（名前）

[1]市場

(1)台湾

・トヨタ自動車の「ターセル」が導入以来、高いセグメント内シェアを確保（図5-22）。
・今後、競合車の新モデル攻勢などが見込まれ、高シェアの維持に向けた商品強化必須である（表5-8）。

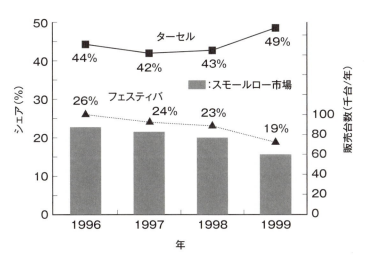

図5-22　「MBC」の開発提案サンプル：台湾市場におけるスモール車のシェア動向（作成：筆者）

表5-8　「MBC」の開発提案サンプル：台湾の競合車情報
「フェスティバ」はFord Motor車、「シティ」はホンダ車。（作成：筆者）

モデル	時期
フェスティバ	2001年 新
シティ	2002年 新

注：新 はモデルチェンジの意味

(2)タイ

・トヨタ自動車の「ソルーナ」とホンダの「シティ」で市場を二分している（図5-23）。
・今後は「シティ」のモデルチェンジや欧州の自動車メーカーによるアジア戦略車の導入が控えており、競合環境は激化し、商品の強化が必須である（表5-9）。

(3)中国

・乗用車市場は今後、急速な拡大が予想される。中でもスモール車のセグメントは2010年

頃には現状の約2倍となり、新市場として期待できる(**図5-24**)。

・欧州の自動車メーカーによる最新モデルの導入が予定されており、新商品の導入が必須である(**表5-10**)。

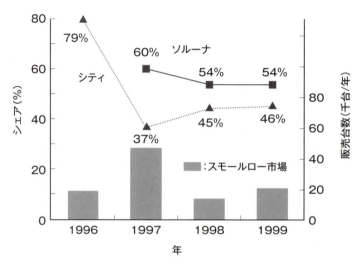

図5-23 「MBC」の開発提案サンプル：タイ市場におけるスモール車のシェア動向（作成：筆者）

表5-9 「MBC」の開発提案サンプル：タイの競合車情報（作成：筆者）

モデル	時期
シティ	2002年 (新)
GM／スズキ	2002年 (新)

注：(新) はモデルチェンジの意味

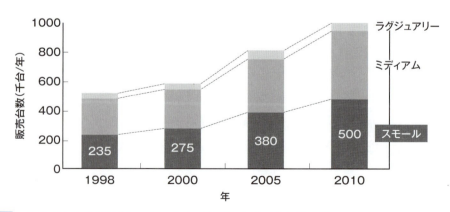

図5-24 「MBC」の開発提案サンプル：中国の乗用車市場の動向予測（作成：筆者）

表5-10 「MBC」の開発提案サンプル：中国の競合車情報（作成：筆者）

モデル	時期
GM コルサ	2001年 新
VW ボラ	2001年 新
VW ポロ	2002年 新

注：新 はモデルチェンジの意味

[2]現量産車の市場評価

現量産車の市場評価は**表5-11**の通り。

表5-11 「MBC」の開発提案サンプル：現量産車の市場評価（作成：筆者）

車種	好評点	不評点
台湾・T車 （1998年 需要動向調査）	・立派な3BOXセダン ・信頼性・耐久性	・外観デザイン（若々しさが不足） ・室内が狭い（後席居住性） ・装備品が少ない
タイ・S車 （1997年 TM市場調査）	・リーズナブルな価格 ・GOAボデー	・内・外観デザインが安っぽい・保守的 ・動力性能でホンダのシティに劣る
（参考） 中国春利 （1999年 ○○部調査）	・低価格	・品質（建て付け）・居住性が悪い ・A/T（自動変速機）がない

(1)開発の狙い

① アジア市場におけるスモール車マーケットでのトップシェアを確固たるものにする。

② アジア市場における事業の採算を大幅に改善する。

(2)MBCの基本構想

デザイン：若々しさ、品質感、新しさと機能性、存在感

基本性能：動力性能、操安性、乗心地、安全、低燃費

「MBC」の実用性：ゆとりの室内、トランクスペース、合理性、優れた乗降性

(3)ターゲットユーザー

① 台湾

・20～30歳代の女性。増車・代替需要が主体

② タイ

・富裕層の子女(セカンドカー)

・都市部の若年エリートファミリー

③ 中国
・30歳代の新富裕層：白領(パイリン)と呼ばれるホワイトカラー族(個人向けファーストカー)

(4)セールスポイント

　従来モデルの弱み(**表5-11**)を払拭し、ターゲットユーザーに強くアピールできる7つのセールスポイントを訴求。

① スタイル：思わず買いたくなる魅力的なデザイン
　外形：新鮮さ、若々しさ、存在感、高質感(新パッケージ＆シルエット)
　内装：新しさ、ダイナミックさ、機能性
② パッケージ：ゆとりの室内、大容量トランク
③ 車両基本性能：アジア市場クラストップレベル
　動力性能・燃費(目標：2003年の市場におけるクラストップレベル)
　操安性・乗り心地〔目標：クラストップレベル(欧州「ヤリス」並み)〕
　NV(ノイズ・バイブレーション：振動・騒音)(目標：こもり音もエンジンノイズも共にクラストップレベルの低減)
④ 安全性能：衝突安全ボディー「GOA(Global Outstanding Assessment)」ボディーを訴求
⑤ 先進イメージ：魅力あふれる商品力の確保
⑥ 環境：クリーンエミッション
　欧州STEPⅠ、欧州STEPⅡ、米国Tier1に対応
⑦ 信頼性・耐久性：現地市場環境に適合

(5)車種体系・エンジン体系

　開発提案のサンプル：車種ごとのエンジン体系を作表。他車種を含めてアジア地域のエンジンの拠点化(アジアでの国産化)を別途検討します。

(6)プラットフォーム共用化

プラットフォーム共用化：第27回プラットフォーム委員会にて承認。
アンダーボディーの共用化率＝97%
ユニット(エンジン、変速機)の共用化率＝100%

(7)原価企画

　原価企画の前提条件を作表(**表5-12**)。
　各国の採算性を作表(**表5-13**)。

表5-12 ｢MBC｣の開発提案サンプル：原価企画の前提条件（作成：筆者）

	MBC Ⅰ	MBC Ⅴ	MBC Ⅲ
L/O	2002/12	2002/12	2003/2
企画台数	2,500台/月	2,500台/月	3,000台/月
モデルライフ	5年	8年	5年
為替レート	¥3.33/NT$	¥12.46/元	¥2.56/B
生産場所	台湾 K工場	中国 合弁会社	タイ TMT工場
原価時期	1999/10～2000/3		

L/O：Line Off、量産開始

表5-13 ｢MBC｣の開発提案サンプル：｢MBC Ⅴ｣（中国）の採算状況（作成：筆者）

単位：千円/台

目標利益：15千円 (1999/7：TOP決済の値)		現生産車種 A	目標		見積もり		必要低減額 B－C
			B	量産車との差 B－A	C	量産車との差 C－A	
基本車型 8A 5M/T DLX	製造原価 総原価 仕切価格	該当なし	906 1,191 1,085				原価低減の 必要額は ⊖83 このうち、 めどなし額は ⊖17 (1.3％)
	合算利益 (率)	該当なし	－106 (－9.8％)	該当なし	－189 (－17.4％)	該当なし	
全シリーズ	合算利益 (率)	該当なし	15 (1.2％)	該当なし	－68 (－5.4％)	該当なし	

　表5-13の時点では、利益の見積もりは－6万8000円です。目標利益の1万5000円に現時点では達しておらず、さらに8万3000円の原価低減が必要です。そのうち、設計などの原価低減において、まだめどが立たない額が1万7000円（1.3％）ありますが、これから原価低減案を立てて、原価低減を進めます。残り（98.7％）はめどが立っており、すぐに原価低減を行います。

　については、本会議（製品企画会議と原価企画会議）での承認をお願いします。

　「MBC Ⅰ」（台湾、**表5-14**）と「MBC Ⅲ」（タイ）の採算状況を表にしました。「MBC Ⅰ」と「MBC Ⅲ」はめど付け活動を実施し、3カ月後をめどに別途提案します。

　図5-25の採算図の通り、必要低減額は11万2000円と採算的に厳しい状況ですが、現在、原価低減のめどありが5万円、めどなしが6万2000円です。今後、下記の原価低減の活動を行って採算が取れるようにします。

表5-14 ▶「MBC」の開発提案サンプル：「MBCⅠ」（台湾）の採算状況（作成：筆者）

単位：千円/台

目標利益： 黒字化を目指す		現生産車種 T＝A	目標		見積もり		必要低減額 B－C
			B	量産車との差 B－A	C	量産車との差 C－A	
基本車型 1NZ 4A/T CL	製造原価	1,001	876	⊖125	980	⊖21	原価低減の 必要額は ⊖112 内、 めどなし額は ⊖62 （5.4%）
	総原価	1,192	1,039	＋153	1,151	⊖41	
	仕切価格	986	1,044	＋58	1,044	＋58	
	合算利益 (率)	－206 （－20.9%）	5 (0.5%)	＋211	－107 （－10.2%）	＋99	
全シリーズ	合算利益 (率)	－213 （－21.6%）	0 (0.0%)	＋213	－112 （－10.7%）	＋101	

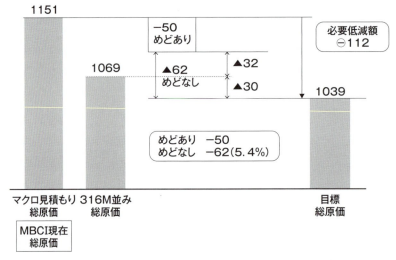

図5-25 ▶「MBC」の開発提案サンプル：「MBCⅠ」（台湾）の原価企画時の採算表（作成：筆者）

［今後の活動方策］

MBC原価委員会（委員長：H常務）、現調（現地調達）化推進委員会（委員長：O取締役）による総原価低減活動を展開。

(1) 他車（「316M」）並み原価達成活動

・現調品の目標原価達成活動の強力推進（目標購買活動）

・三国調達（車両生産国以外の国からの調達）の推進（金型投資の削減）

・部品流用化の徹底〔金型投資の削減と号口スケールメリット（量産効果）の拡大〕

(2) 他車（「316M」）以上の原価低減活動

・100％を目指した現調化の推進

・現地材料（樹脂と鋼板）の一括調達

・節税対策〔ASEAN（東南諸国連合）国での国産化など〕

(8) 開発方針

　[1] MBC原価委員会として総原価低減の強力な推進と[2]図面・量産品質の向上、[3]部品共用化・現調(現地調達)化の推進——の3つを開発方針とする。

　これのうち、[1]と[2]については以下の2つに取り組む。
① サイマルテニアス・エンジニアリング(Simultaneous Engineering：SE)を強力に推進し、正式図の図面完成度を高める。
〔CAE、事前検証エンジニアリング「V-Comm(Visual & Virtual Communication)」の活用、大部屋活動〕

② 試作型(金型)レスに取り組み、量産型(金型)を早期に製作して量産品質の造り込みに十分なリードタイムを設ける。
　(早期の設計変更の凍結とSEの終了)

　また、[3]については次の2つに取り組む。
① 現地部品および支給部品の共用化を強力に推進する。
② 現調化推進(現調化推進委員会)

(9) 開発日程

　具体的な開発日程を作成する。ここでは割愛する。

(10) 開発提案に関する補足資料

　最後に、この開発提案に関する補足資料についても記しておきます。

①「MBCⅤ」に関する中国向け台数と売値の考え方

　今後、伸長もしくは競合激化が予想されるスモール車の市場内において、約8％のシェアを狙う。企画台数は2500台／月。
〔市場〕
・乗用車市場は2010年に100万台に成長(**図5-26**)。
　年率5％、1998年の50万台から倍増(固めの予想)。
・セグメント別：スモール車が成長のけん引車、スモール車は2010年に50万台に成長。
　2003年～2005年頃：35万台超レベル。
・ユーザー別：タクシーおよび企業中心から個人需要に大きくシフト。
　個人比率は40％。

［販売］
・「MBC Ⅴ」は企画シェア8％レベルを狙う。
　ただし、トヨタ車として企画を上回る販売も狙う。2005年に5万台レベル。
・なお「MBC Ⅴ」と「MBC Ⅱ」は明確なセグメント化が可能。
［ターゲットユーザー］
・「MBC Ⅴ」：都市部の個人需要（排気量1.5Lが中心）。
・「MBC Ⅱ」：タクシーなど従来の購入層の維持。

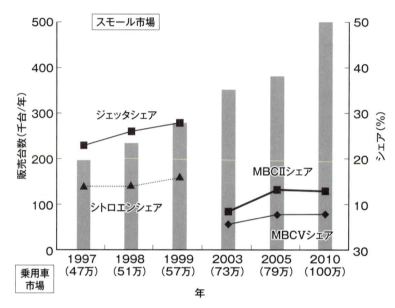

図5-26　「MBC」の開発提案サンプル：スモール市場のシェア推移（作成：筆者）

②売値の考え方
　売値は「主要競合車である「シトロエン」1.4Lをターゲットとする（図5-27）。ただし、新規参入での市場浸透を狙い、スターティングプライスとして、「シトロエン」を7000元下回る価格で導入したい」などのように考える。

(11)「MBC Ⅴ」の競合車比較に関する補足
① 性能目標のイメージ（全体マップ）
　アジア市場の競合車をしのぐトップレベルの性能を目指す（図5-28）。

② 部品の共用化の状況
　他の車種との部品の共用を強力に推進する（図5-29、他の共用化の項目は省略）。

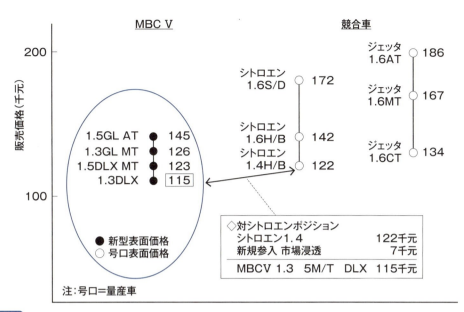

図5-27 「MBC」の開発提案サンプル：「MBC Ⅴ」のポジショニング（作成：筆者）

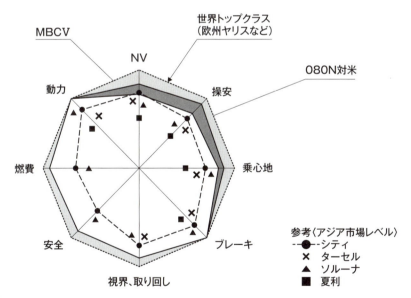

図5-28 「MBC」の開発提案サンプル：「MBC Ⅴ」の性能目標イメージ（作成：筆者）

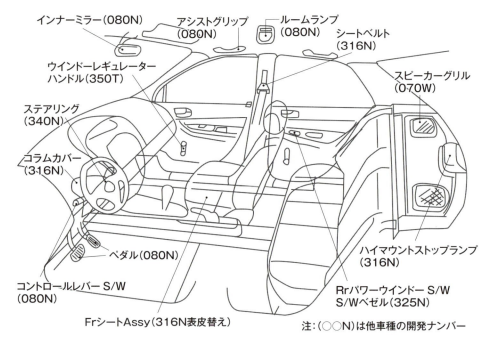

図5-29 「MBC」の開発提案サンプル：共用化する部品（作成：筆者）

　以上が、チーフエンジニアが製品企画会議と原価企画会議に提案する「MBC」開発提案（製品企画）の内容です。そして、これらの会議が各種の検討を行う上で重要な条件は次の2点です。
(1)販売台数および売値
(2)新製品の性能と品質、原価
　(1)については営業部門から、(2)についてはチーフエンジニアから、これらの数値の根拠を明確に証明する必要があります。
　原価企画の段階において、各種の調査や各部署の協力の下、既に詳細な検討がされています。この会議では、会議体の委員である経理部担当の副社長や、開発部門の副社長、生産担当の副社長、事業部門の副社長をはじめとする取締役が出席し、提案内容を審議して、異議がなければ承認されます。
　この「MBC」開発提案の場合、所定の原価目標値にまだ達していません。そのため、今後の活動方策として「MBC」原価委員会を特別に設け、原価低減を行って、所定の目標原価を達成することを条件に承認されています。

第6章

原価計画1:
開発設計段階の原価計画

原価計画1：
開発設計段階の原価計画

　開発設計段階の原価計画では、チーフエンジニアと開発設計部門が決めた原価目標や性能を達成するように製品・部品を設計し、図面を作成します。設計者は設計と同時に原価の検討を行います。原価の計算をしながら設計を行います。本章ではこうした開発設計段階の原価計画について解説します。

6.1　開発設計段階の改善効果

　開発設計段階の原価マネジメントとは、開発設計時や工程設計時などの業務の中で、原価企画で決めた原価（利益）の目標値を達成することです。設計図や試作車、工程企画（生産企画）などで原価の目標値を具現化します。

　この段階を**原価計画**と称しているのは、この段階の業務は計画段階であり、実際に原価があまり生じていない段階、すなわち原価の発生を推定する段階だからです。実際に原価の大半が発生するのは製品を量産する段階となります。この原価計画では、量産する段階で発生する原価を決めます。

　トヨタ自動車が製造業として強い企業基盤を築いて世界的に成功している理由は、原価改善に対して製品企画段階はもちろん、開発設計部門や製造部門の貢献度が大きいからです。

　では、トヨタ自動車の決算を見てみましょう。

　表6-1はトヨタ自動車の当期純利益（純利益）の増減要因を表したものです。この連結決算書の補足資料における「原価改善の努力」の項目で、開発設計部門の原価低減額が分かります。2023年3月期（2022年度）は、資材高騰の影響で全体としてはマイナスですが、設計面での改善成果の額は2050億円となり、過去を見ても毎年大きな成果を上げています。加えて、傾向的に設計面の原価低減額は工場のTPSによる低減額よりも大きくなっており、開発設計部門のTDSによる原価改善の寄与度は大きいと言えます。

表6-1 連結決算書の補足資料（トヨタ自動車の連結決算書・補足資料を基に筆者が作成）

当期純利益増減要因 （億円・概算）	通期 (2022年度)	通期 (2021年度)	通期 (2020年度)	通期 (2019年度)	通期 (2018年度)	通期 (2017年度)	通期 (2016年度)
販売面での影響	6,800	8,600	−2,100	−900	2,750	−1,000	2,100
為替変動の影響	12,800	6,100	−2,550	−3,050	−500	2,650	−9,400
原価改善の努力	−12,900	−3,600	1,500	1,700	800	1,650	4,400
資材高騰	−15,450	−6,400	−	−	−	−	−
設計面の改善	2,050	2,400	800	1,000	250	1,200	3,700
工場・物流部門の改善	500	400	700	700	550	450	700
諸経費の増減・低減努力	−5,250	−2,200	700	450	−1,650	600	−5,300
その他	−4,156	−921	436	1,554	−724	154	−395
（営業利益 増減）	−2,706	7,979	−2,014	−246	676	4,054	−8,595
営業外の影響	−511	2,602	3,408	2,938	−4,026	211	700
持分法による投資損益	827	2,093	407	−889	−1,100	1,080	329
法人所得税費用・非支配持分に帰属する当期利益	−769	−4,533	697	130	−1,661	1,282	2,750
（親会社の所有者に帰属する当期利益 増減）	−3,987	6,048	2,091	1,933	−6,111	6,628	−4,815

　トヨタ自動車は現在、売上高が40兆円を、営業利益が4兆円を優に超えており、今なお成長し続けています。こうした成長を支える業務システムが、試行錯誤を経てではありますが、長年の業務改善によって構築されています。その主な業務システムは次の通りです。

(1) TPS（Toyota Production System：トヨタ生産方式）
(2) TDS（Toyota Development System：トヨタ流開発システム）
(3) TCMS（Toyota Cost Management System：トヨタ流原価マネジメントシステム）

　これらの業務システムは独立しているのではなく、有機的に結び付いて運営されています。それでは、ここから本章の本題に入ります。

6.2 開発設計段階の原価計画

開発設計段階の業務および生産準備の業務、営業関係では販売準備の業務の中で行う原価の業務を「原価計画」と定義しています(第5章**図5-1**参照)。このうち、開発設計段階の原価計画について詳しく見ていきましょう。

6.2.1 トヨタ自動車の開発体制

トヨタ自動車における開発体制には、[1]チーフエンジニア(CE)制度、[2]新製品開発プロセス、[3]大部屋方式――があります。

[1]チーフエンジニア(CE)制度

会社の中・長期経営方針「新たな価値を生み出す戦略策定(経営層・戦略企画部門)」に基づいた新商品・新製品の開発について、開発設計部門だけではなく、市場調査から商品企画、生産、販売までを統括管理するのがチーフエンジニア(CE)です。

チーフエンジニアは車種ごとに設けます。そして、その商品(車種)に関わる全ての部署を統括するため、チーフエンジニアはその車種における「社長」の位置付けとなります。チーフエンジニアが多くの部や室の組織メンバーをマネジメントしなければならないため、トヨタ自動車独特の大部屋方式で開発業務の運営を行っています(**図6-1**)。

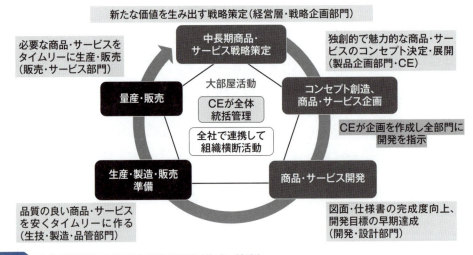

図6-1 大部屋活動による開発業務の運営(作成:筆者)

図6-2の通り、トヨタ自動車の個別の製品を開発する各開発組織はチーフエンジニアが直接マネジメントできる体制となっています。

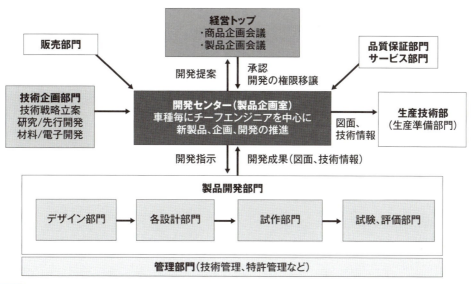

図6-2 CEのマネジメント体制（作成：筆者）

この体制の特徴は、製品の企画を策定するチーフエンジニアが中心になり、開発部門全体を統括して開発を進めることにあります。チーフエンジニアは**図6-2**の中心にある「開発センター（製品企画室）」に所属しており、開発センターの下で設計などの開発部門が開発実務を推進します。チーフエンジニアは経営トップと直結しており、開発全般に関する強い権限を経営トップから与えられています。

開発の企画（「製品企画書」、後述）はチーフエンジニアが自ら経営トップに提案し、承認を得てから開発がスタートします。チーフエンジニアは全ての開発設計部署に開発の指示を出し、それを受けて各開発設計部署は活動します。そして、開発設計部門の開発成果である図面や技術情報のアウトプットに対して、チーフエンジニアはその全てに承認のサインを行って後工程に出図します。こうするのはチーフエンジニアが自ら開発内容を確認し、その責任を負うためです。

なお、技術企画や研究部門、販売部門、サービス部門からは製品企画の基になる情報がチーフエンジニアに提供されます。

[2]新製品開発プロセス

図6-3はトヨタ自動車における新製品開発のプロセスを時系列的に表したものです。

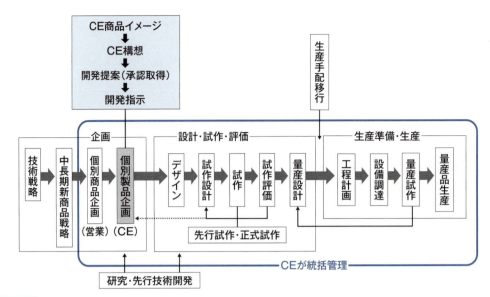

図6-3 新製品開発プロセス（作成：筆者）

　開発の流れは、技術戦略策定から始まる「企画」から、デザインを含めて性能や品質を造り込む「設計・試作・評価」、そして量産に至る「生産準備・生産」へと進んでいきます。

　最初の「技術戦略」と「中・長期新商品戦略」は、経営トップおよび商品戦略を担当する企画部門が策定します。このプロセスの中で、チーフエンジニアが自ら実施するのが「個別製品企画」です。この個別製品企画業務は、**図6-3**左上の枠内に書かれている手順、すなわち「CE商品イメージ」⇒「CE構想」⇒「開発提案（承認取得）」⇒「開発指示」の手順で進めます。

　チーフエンジニアは、開発全体を取りまとめて進めるプロジェクトリーダーの役割も担います。そのため、青線で囲った企画から生産までのプロセス、具体的には「個別商品企画」⇒「個別製品企画」⇒「デザイン」⇒「試作設計」⇒「試作」⇒「試作評価」⇒「量産設計」⇒「工程計画」⇒「設備調達」⇒「量産試作」⇒「量産品生産」の各プロセスをチーフエンジニアが統括管理します。

　開発全体の取りまとめもチーフエンジニアが担当します。製品群単位で開発の大部屋を設立し、チーフエンジニアがリーダーとなって開発を推進していくのです。

　こうしてチーフエンジニアは商品イメージを作り、**CE構想**を経て**製品企画書**を作成します。そして、それを経営トップに提案して承認を得たら、開発設計部門に対して開発の指示を行うというステップで新製品の開発を進めていきます。

[3]大部屋方式

　大部屋方式は、チーフエンジニアが開発設計段階で機能別縦割りの各組織をマネジメン

トするためのものです。採用が始まったのは1970年頃からといわれています。

大部屋方式では、異なる部門の社員が1つの部屋に集まり、そこで活発な議論を行います。これにより、各部門が持つ専門的な知見が開発設計に生かされるため、最終的に製品の性能や品質などが向上します。

ただし、参加者は議題や検討内容などを共有化する必要があるため、それぞれの部門や部署の各種資料を「見える化」して議論します。結論や解決策に必要な部署の専門家が参加しているため、即断・即決ができます。従って、開発設計が非常に効率的に進むという利点があります。

実際、この方式のおかげでトヨタ自動車は開発設計の期間（開発のリードタイム）を短縮できており、現在では、新車種でも、プラットフォームが似ているものであれば、原価企画会議での承認からラインオフまでの開発期間は1年半程度です。

この大部屋において見える化する項目は次の通りです。

(1) 大部屋の「見える化」項目
① 目的・目標：目的、目標、背景、方針、全体日程、達成シナリオ、組織
② 製品アウトプット：詳細な仕様や最終的な成果物
③ 目標達成進捗の指標：体制、役割、KPI
④ 大日程：開発の詳細日程、マイルストーン
⑤ 課題ボード：課題、解決策、期限、進捗、結果

続いて、開発における大部屋活動の効果は次に示す通りです。

(2) 開発の大部屋活動の効果
①～⑥が原価の低減に直接的に寄与します。
① 図面完成度100%の早期達成、設計変更の削減
② 課題の早期解決による開発日程の順守
③ 原価目標の達成、費用対効果の最大化
④ 効率の良い開発、開発工数（要員）、開発費の削減
⑤ 効率的な設備準備および作業計画の実現
⑥ 協力会社（部品メーカーなど）との連携関係の強化（自動車では原価の約70%が外注部品）
⑦ メンバーの成長や、メンバー同士の助け合い・協力関係の強化

(3) 開発の大部屋方式の導入例

　この大部屋方式を、米国の2輪車メーカーであるH社の開発に導入しました（**図6-4**）。当時のH社では開発設計者がそれぞれ個室を持って業務を行っており、関連部門との主なコミュニケーション手段は電子メールでした。そのため、開発の効率が悪く、開発のリードタイムに5年程度を要していました。

　ここに大部屋方式を導入し、現状や問題点、課題が分かるように「見える化」しました。大部屋方式を英語でBig Roomと表現するのではおかしいので、「Obeya」と呼ぶことにしました。見える化については「Visual Management」と呼びましたが、現在では日本語のまま「Mieruka」と呼ぶことが多くなっています。

　CE制度も導入しましたが、チーフエンジニアを担える人材が養成されていませんでした。そのため、実質的に日本人指導者と開発担当の副社長の2人でチーフエンジニアの業務を担当しました。

　これにより、最終的には開発のリードタイムを2〜3年程度に短縮できました。従って、開発部隊の効率を約2倍に向上できたことになります。

　その後、米国の航空機メーカー（民間部門）の開発にもこの大部屋方式を導入しました。それ以降、この方式の有効性が各地に伝わり、2023年12月にはオランダでObeyaの大会が開かれるほど世界で認知されるようになりました。

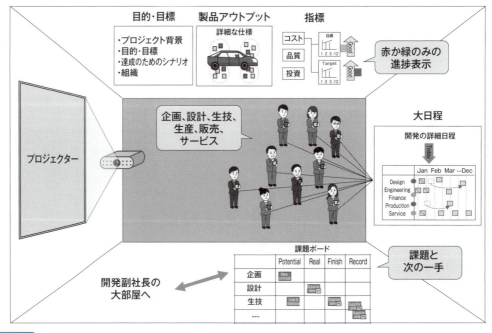

図6-4　開発の大部屋（Obeya）（作成：筆者）

開発から始まったこの大部屋方式は、現在では会社の経営や新規プロジェクト、工場の改善、オフィスの職場改善などにも採用され、発展しています。

　会社の経営の大部屋方式では、3階層となっているのが一般的です（**図6-5**）。第1階層は「経営層の大部屋」です。会社全体の見える化を行うことで、会社全体のマネジメントが可能になります。

　続いて、第2階層は「プロジェクト・機能の大部屋」です。縦割りの組織を横断的にマネジメントする新製品開発の新規プロジェクトや原価低減、品質向上などの方針展開に適しています。

　そして、第3階層は「各機能別組織の大部屋」です。これはすなわち、各部署や各職場の大部屋となります。ここでは、第1階層である経営層の大部屋から与えられた課題や、第2階層のプロジェクト・機能の大部屋から提示された課題を各部署・各職場で展開し、解決に向けて推進していきます。

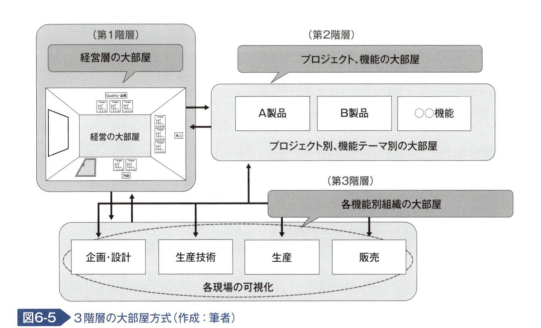

図6-5 3階層の大部屋方式（作成：筆者）

6.2.2　設計図面の完成度向上活動（SE活動）

　開発の大部屋活動の狙いは、サイマルテニアス・エンジニアリング（Simultaneous Engineering：SE）活動です。SE活動はプロジェクトに関係する全部署（企画、デザイン、設計、評価、生産技術、調達、仕入れ先）が企画時点から一体となり、計画時点から同期した開発を行う活動です。関係する全部署が同期することにより、商品の性能を含めた完成度を

高め、効率的な開発進行が可能になります。

　開発設計部門の業務は、チーフエンジニアの製品企画に基づいて新製品の部品ごとの仕様を図面で表現することです。そのためには、多方面の項目を検討して設計図面を完成させる必要があります。ところが、従来のやり方では設計ミスや検討不足により、後工程から「造れない」、「原価が高い」といった苦情が多発し、設計の変更が多発していました。

　そこで、図6-6に示すような設計図面の完成度向上活動（すなわち、SE活動）を全社的に展開することになりました。この活動は開発の大部屋方式や「見える化」を駆使しながら、リーダーであるチーフエンジニアを中心に部位ごとや部品ごとに企画書に対する設計図面の完成度（性能・仕様・原価）を検討していきます。活動の主体は各設計者です。

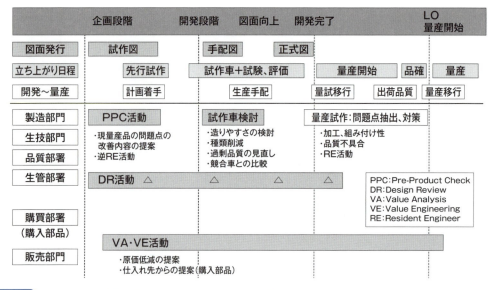

図6-6 設計図面の完成度向上活動（SE活動）（作成：筆者）

　ここからは、設計図面の完成度向上活動に役立つ方策・ツールについて説明します。具体的には、[1] **PPC**（Pre-Product Check）、[2] **ベンチマーキング（Tear Down）**、[3] **DR**（Design Review：設計審査）、[4]信頼性の予測による問題の未然防止、[5] **品質機能展開（QFD**：Quality Function Deployment）、[6]設計・図面チェックシートおよび再発防止シート、[7]技術情報の一元管理、[8] RE（Resident Engineer）制度、逆RE制度、[9]ナレッジマネジメント（Knowledge Management）、[10]デジタルエンジニアリング——の10個の方策・ツールがあります。

[1] PPC（Pre-Product Check：プレプロダクトチェック）

当初のPPC（Pre-Product Check：プレプロダクトチェック）は、新製品の設計において、量産製品や他の類似製品で発生した製造工程や市場での不具合に対し、再発防止が講じられているか否かを開発の早期の段階で検証することでした。

そこから発展し、現在のPPCは開発設計部門が設計品質（図面完成度）を高める活動になっています。開発設計部門が「源流管理」の考え方を採り、後工程である生産技術や製造、品管、生産管理の各部門から品質や原価に関する改善要望を受けて、図面に織り込んで設計品質（図面完成度）を向上させるのです。

筆者はこれを「先行改善」と呼んでいます。開発段階から図面に織り込めるので、品質向上や原価低減にとても効果があります。**図6-7**に、PPC要望項目の例を示します。

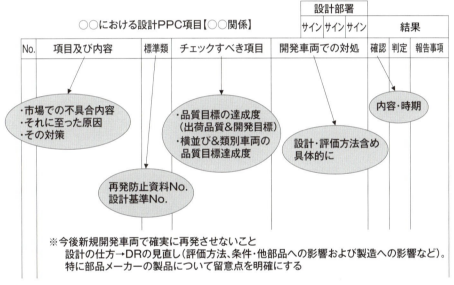

図6-7 ▶ PPC要望項目（作成：筆者）

[2] ベンチマーキング（Tear Down：テアダウン）

ベンチマーキング（Tear Down：テアダウン）とは、競合する他社製品を分解し、構造や構成部品まで細かく調査することで、技術力や品質、コストに関して自社製品の実力を他社製品と比較分析することです。

その分析結果を活用して自社製品の弱点を明確にし、対応案を自社製品に織り込むことで、競合製品を凌駕する商品を開発することができます。さらに、設計者の独自の知恵と工夫を加味すれば、超一流技術を確立することも可能です。

[3] DR（Design Review：デザインレビュー、設計審査）

DR（Design Review：デザインレビュー、設計審査）は、市場での使用条件や要求品質などについて設計的に満足しているかどうかについて、図面や技術情報、試験結果に基づいて多角的に検討することです。

多方面の専門家（材料、評価、品質、製造、購買、営業、サービスなど）が参加し、それぞれの立場から評価して意見を述べます。DRの対象は、製品全体および部品／ユニットの図面および試作品です。図面の検討に関しては自社の製品だけではなく、ベンチマーキングのデータを参考にしながら、競合他社と比べてより良い品質・より良い原価になるように製品・部品を設計する必要があります。

DRを実施するタイミングは、(1)開発構想（基本計画）段階、(2)設計段階、(3)試作品完成段階、(4)実験評価段階です。

DRの効果は次の通りです。
① 各部門からの指摘や助言による問題の早期発見および解決
② 部門間の理解促進による開発作業の円滑化
③ 失敗事例の共有による問題の再発防止
④ 不良の流出や市場クレームの発生予防
⑤ 熟練者や各担当の専門家からのノウハウの伝承

[4] 信頼性の予測による問題の未然防止

信頼性の予測による問題の未然防止は、信頼性の予測手法を使って問題の発生を防ぐことです。信頼性の予測手法には次の3つがあります。

(1) **FMEA**（Failure Mode and Effects Analysis：故障モード影響解析）
故障モードは単独故障源を出発点とします。

(2) **FTA**（Fault Tree Analysis：故障のツリー解析）
複合故障など、結果致命度の高いシステム故障に利用します。

(3) **DRBFM**（Design Review Based on Failure Mode：故障モードに基づく設計審査）
DRBFMはFMEAにDR（デザインレビュー）を組み合わせて問題を発見し、解決策を検討する手法です。トヨタ自動車独自のものです。

[5] 品質機能展開（QFD）

品質機能展開（QFD） は、決定した製品コンセプトを技術に系統的に結合させる手法です。顧客の要求品質「真の品質／顧客の声」を縦方向に、階層的に並べます。一方で、横方向

には技術的な特性(品質特性)を階層的に並べ、両者間の関係をその関連の深さに応じて「◎」「○」「△」などの記号を使って評価・整理します(**表6-2**)。

表6-2 ライターの品質機能展開(QFD)(作成:筆者)

品質要素展開表		品質要素					品質要素重要度
		A	B	C	D	E	
要求品質展開表		形状寸法	重量	耐久性	着火性	操作性	
要求品質	確実に着火する			○	◎	○	5
	使いやすい	◎	◎			○	5
	安心して携帯できる	○	△	◎	○		4
	長い間使用できる			◎	○	○	3
	良いデザインである	○	○				4
	愛着が持てる			△		△	3

[6]設計・図面チェックシートおよび再発防止シート

設計・図面チェックシートおよび再発防止シートのそれぞれを以下に説明します。

(1)設計・図面チェックシート

設計・図面チェックシートは、性能や品質、信頼性、法規適合、生産性、軽量化、原価低減などの課題に対応して最適な設計ができているかどうかについて、設計意図の確認および改善内容を検討するためのものです。

商品企画部門から生産部門や営業部門に至る全部門の専門家が図面の内容について**表6-3**に示す項目、すなわち「基本計画」「信頼性」「安全」「工業所有権」「操作性」「サービス性・保守」「経済性」「生産性」「輸送・保管」「市場適合性」をチェックすることで、設計意図を確認し、改善内容を検討します。

ここで、出図チェックシートを**表6-4**に、設計チェックシートを**表6-5**に、図面変更チェックシートを**表6-6**に示します。

(2)再発防止シート

再発防止シートは、その名の通り不具合が再び起きないようにするためのものです。PPCシートはその一例です(**表6-7**)。市場で不具合が発生したときに、各設計部署が再発防止資料を作成し、同じような不具合が自部署や他部署を含めて再び発生しないようにします。その内容はPPCや設計基準などに反映されます。

表6-3 設計チェックシート項目例（作成：筆者）

No.	項目	詳細内容
1	基本計画	・日程管理　・重量管理　・性能、品質　・生産計画　・原価企画 ・新規性　・仕向け先　・基本配置計画 ・共通化、標準化
2	信頼性	・構成部品　・フールプルーフ　・公差（偏差）　・強度、機能、機構 ・テスト条件　・フェイルセーフ　・特殊設計　・組み付け性 ・使用条件、頻度　　　　　　　・故障率、耐用年数
3	安全	・フェイルセーフ　・テスト　・クラッシュワージネス　・ウォーニング ・視認性　・フールプルーフ　・法規制　・2次故障　・安全設計
4	工業所有権	・工業所有権の取得　　　　　・工業所有権の抵触
5	操作性	・配置　・操作力　・フィーリング　・操作法　・姿勢、動作
6	サービス性・保守	・点検　・メンテナンスビリティ　・リペアビリティ ・調査、交換　・アンダメージャビリティ
7	経済性	・VA、VE　・共通化　・互換性　・ランニングコスト ・重量軽減　・省資源　・標準化　・汎用性　・製造コスト
8	生産性	・加工性　・検査容易性　・設備能力　・組み付け性　・標準化
9	輸送・保管	・輸送保管条件　　　　　・輸送効率
10	市場適合性	・法規制　・対環境（公害）・市場環境　・メンテナンス

表6-4 出図チェックシート（作成：筆者）

エンジンタイプ	商品名			部室G		
車種	名前					

	要求部署	指示書	チーフエンジニア	承認	部門責任者	作成
手配　正式 計画			月　日	月　日	月　日	月　日
出図	コスト　見積部署　質量		分	分	分	検図時間 担当者とのコミュニケーション
設変	□購買・経理 ↗↘→ □原価企画 ↗↘→					
外設中 承認	$　□メーカー (＋－%)（　）(＋－%)		有・無	有・無	有・無	
その他	目的・背景		正式図、出図時の総合判断			
耐久・信頼性確認結果	□仕様変更　□標準化　□重量軽減 □研究　□性能向上　□生産性向上 □不具合対策　□サービス向上 □その他		1. 問題なし 2. 確認全て終わっていないが問題なし 3. 問題あるが止むなし 　　問題点とは			
項目n数チェック						

連続高速
F/スロットル U/D
低スイープ U/D
総合パターン
総合冷熱
低温冷熱
Exマニ冷熱
D/長時間
ハンマリング
応力測定
共通点耐久
悪路耐久
高速耐久
熱害耐久
単体評価
CAE応力

	目的・理由（GM記入）	添付資料		（コスト）
	□出力性能向上　□亀裂不具合対策 □NV改善　□干渉問題 □その他（　　　） □外部要件（Z、生技）　□標準化・共通化 □原価低減　□SOC対応　□その他（　　）	設計チェックシート 要求仕様確認表	1. 号口 2. 目標原価 3. S 4. S見積り 5. 未達分 6. 未達方策	
	変更内容	試作費	1. 部品費 2. 型費 3. 試作費総額	
	変更による心配点　　心配点への対応	質量	1. 号口 2. 目標原価 3. S 4. S見積り 5. 未達分 6. 未達方策	
	評価へ反映した結果（左表）　製造へ反映したこと			

後日承認図出図　　OR ────→　予定（　/　）
後日フォローの（要・不要）　　　　　月　日　　　月　日

表6-5 設計チェックシート（作成：筆者）

No.	チェック項目	作成	サインA	サインB	サインC	コメント
1	従来と何が変わったか					
2	現物を見たか、試作品を確認したか					
3	設計基準と照合したか					
4	設計基準チェックリストで確認したか					
5	再発防止は確認したか					
6	品質目標に適合しているか					
7	届出書類・写真は影響ないか					
8	法規制に適合しているか					
9	安全性はよいか（含他製品比較）					
10	関連部品・補給を考えたか					
11	CKDへの影響はないか					
12	類似品は使えないか					
13	よく使う材料か					
14	コスト条件はよいか					
15	加工できるか					
16	バラツキを見込んだか					
17	強度・剛性・耐久性はあるか					
18	ガタ・ビビリはないか					
19	干渉しないか（隙は何mmあるか）					
20	見苦しくないか（他製品比較）					
21	使い方は見てあるか（含誤用）					
22	サービスはできるか					
23	組み付け作業はできるか					
24	工具は使えるか					
25	組み付けミスはしないか					

表6-6 図面変更チェックシート（作成：筆者）

設計変更チェックシート				承 認		審 査		起案	日付	｀ . .
						設変可否 OK・NG			担当部署	

ユニット名		部品名		不具合事項 VE・WE事項						チェック
変更理由 (不具合内容)		チェック項目		起案者			◇設変・特設No.			
	1	この図面で試作した物を見たか		見た	未	不要	確認日： 月 日			＊
	2	試験評価をしたか	性能、機能の確認予測 性能	した	未	不要	項目： 予定日： 月 日			＊
			耐久性、信頼性の確認	した	未	不要	項目： 予定日： 月 日			＊
			電気部品の充放電収支	なし	あり		暗電流チェックシート・充放電計算書添付			
			その他（　　　）	した	未	不要	項目： 予定日： 月 日			＊
	3	組付けてチェックしたか。作動チェック		した	未	不要				
	4	配管、配線、他部品との隙 チェックしたか 図面展開		した	未	不要				＊
	5	関係部品はないか (取付先、相手部品)		なし	あり		部品名：			
	6	同時切替部品はあるか (互換性は相手部品と チェックしたか)		なし	あり		設変No.： 部品： 予定： 月 日			＊
	7	関係部署へ連絡したか		した		不要	部署： へ連絡済			
	8	部品バリエーションは チェックしたか		した		不要				
変更内容（対策内容）	9	部品表の目次・本紙内容 はチェックしたか		した		不要	(更新ページ：有・無)			
	10	法規制の対象部品はないか		なし	あり		部品名：			＊
	11	届出写真、届出書類との 違いはないか		なし	あり		項目：			＊
	12	対称部位の影響、変更はないか		なし	あり					＊
	13	設変補償は発生しないか		なし	あり		約　　万円。いつ： 誰と：			
	14	コスト変動は		なし	あり	不要	円。いつ： 誰と：			
	15	営業連絡要否		必要		不要	資料No.			＊
	16	切替時期はいつか ・実施済・即実施（〜1M) ・至急実施（1〜2M) ・準備出来次第（3M)・ 月 日頃					切替日： 月 日頃			＊
フリーコメント	17	初品確認は必要ないか		必要		不要	確認日： 月 日 誰が：			＊
	18	設計ノウハウ、再発資料作成		必要		不要				＊
			設 計 変 更 発 生 原 因				原価・質量変動（設計見積もり）			
横並び展開 済 製品：								原価変動	質量変動	
横並び展開 未 製品：							A:	円/個	g/個	

表6-7 　PPCシート（作成：筆者）

		品番	開発No.	部署	連番	現象	年　　月　　日		
No.							発行部署		
タイトル									

【問題点】

【要望】

[7]技術情報の一元管理

　技術情報の一元管理の狙いは、完成度（付加価値）の向上です。さまざまな部署と連携して開発業務を進めるために、次の2項目について技術情報の管理を行います。

(1)図面段階での製品の完成度の向上

　・開発開始当初からSE活動ができるデータの造り込み
　・社内各部門とのデータを用いた連携の強化

(2)図面／技術情報の早期確定、迅速な伝達

　・情報の一元化の推進と伝達の電子化
　・製品開発管理データの充実と迅速で確実な後工程への伝達

　図6-8を例に、技術情報の一元化の方法とポイントを説明します。①CADデータ、②構成データおよび管理データ、③実験評価の迅速化・効率化——の3つがあります。

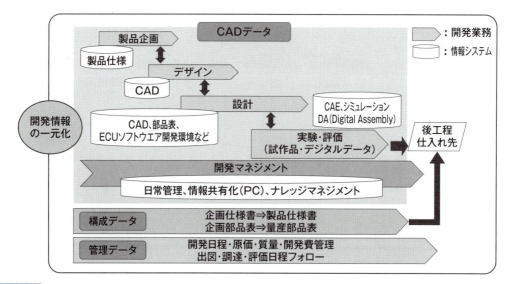

図6-8 開発情報の一元化管理のイメージ（作成：筆者）

① CADデータ

設計者の設計・製図作業を支援します。CADデータは、CAE（Computer Aided Engineering）とDA（Digital Assembly）による評価および後工程の金型製作に利用されます。

② 構成データおよび管理データ

製品仕様と部品表システムは、1台1台の製品の装備とそれらのユニット全体を構成する部品（品番）を表す基幹情報です（**表6-8**）。部品の生産・発注、工場での組み立て、サービス部品の設定・管理、原価や質量の管理など、全社的に利用されています。

表6-8 構成データおよび管理データの一覧（作成：筆者）

システム名	概要	主管部署
部品表	量産部品の必要数計算、部品発注／生産指示	生産管理部
外注部品調達	部品の仕入れ先決定、購入単価決定の仕組み	購買部
原価企画	製品全体の原価の集計システム	原価企画部
試作管理	試作ユニットの製作、試作構成部品の発注／管理の仕組み	試作部
出図日程管理	新設部品の出図予定時期と実績を管理する仕組み	設計管理部
質量管理	製品の1個当たり質量の積み上げを支援する仕組み	質量企画部署

③ 実験評価の迅速化・効率化

実験評価の迅速化・効率化のために、数々のソフトウエアを使用しています。CAE（Computer Aided Engineering）は、スーパーコンピューターなどを用いて解析すること

によって各種の性能予測を行います。特に従来の技術者の経験やノウハウだけでは不十分な品質・性能の事前予測ツールとして活用されています。これにより、設計の質の向上を支援しています。

CAEの適用分野は、衝突や振動・騒音、強度・剛性、流れ（空気）、電磁場解析などのシミュレーションです。自動車などの燃費性能解析や動力性能解析、操縦安定性能解析などはメッシュを使わず、米MSC Software（エムエスシーソフトウェア）の機構解析ソフトウエア「Adams」などを使って解析します。

[8] RE制度、逆RE制度

RE制度と逆RE制度は、開発設計部門と、その後工程である品質管理部門や生産技術部門、生産部門との迅速な意思疎通を図るためのものです。

(1) RE（Resident Engineer：レジデントエンジニア）制度

RE制度は、製品企画部門や開発設計部門のエンジニアが後工程の大部屋に常駐して課題を解決する制度です（**図6-9**）。製品開発プロセスの段階に合わせて、活動の中心が開発設計部署から生産技術部門、製造部門へと移行する中で、「現地現物」で効率的に早く判断するために活用します。

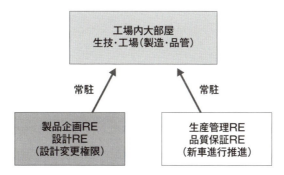

図6-9 RE制度：製造部門の大部屋（作成：筆者）

(2) 逆RE制度

逆RE制度は、開発プロセスの最初の段階で、後工程である品質保証部門や生産技術部門、製造部門のエンジニアが、それぞれの専門的な知見を製品仕様や性能、図面に織り込むために開発部門の大部屋に常駐して活動する制度です（**図6-10**）。

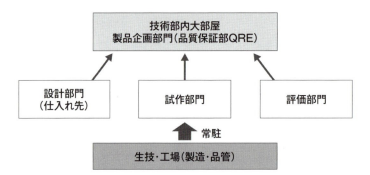

図6-10 逆RE制度：開発部門の大部屋（作成：筆者）

[9]ナレッジマネジメント（Knowledge Management）

ナレッジマネジメントは、社内に散在している各種ノウハウを可視化して整理・統合し、関係者全員が共有できるように管理することです（図6-11）。開発業務の改善や効率化、人材の育成に寄与しています。

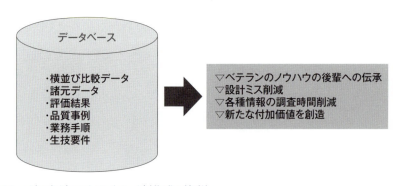

図6-11 ナレッジマネジメントのイメージ（作成：筆者）

[10]デジタルエンジニアリング

デジタルエンジニアリングは、その名の通り、デジタル技術を活用したものづくりのことです（図6-12）。

生産準備の3Dデジタルエンジニアリングとして、事前検証エンジニアリング「V-Comm（Visual & Virtual Communication）」を活用。従来の試作車で行った事前の検討を、デジタルモックアップを活用することで3Dの図面段階で検討できます。これにより、生産準備プロセスの効率化と開発のリードタイムの短縮を実現しています。

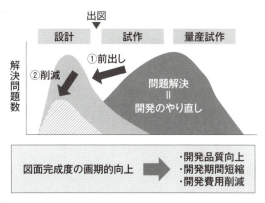

図6-12 V-Commの基本的な狙い（作成：筆者）

6.2.3 原価計画：開発設計段階の原価に関する業務

　開発設計段階の業務は、さまざまな部門の英知を集大成して製品の性能・品質と製品の原価を造り込むことです。また、開発期間（開発のリードタイム）を短縮すれば、開発の生産性が向上します。開発のリードタイムが短いほど時代にマッチした製品の開発が可能となり、開発のコストも低減できます。

　続いて、原価計画（開発設計段階）のポイントを説明します。(1)全社一体となった組織横断の連携強化、(2)組織全体に自工程完結の考え方が行き渡らせること——の2点です。

(1)全社一体となった組織横断の連携強化
　・組織が機能して各部門が連携した先行改善と大部屋活動を行う
　・目標を明確にして全員が共有（方針展開）する
(2)組織全体に自工程完結の考え方を行き渡らせること
　・全部署・全員が仕事の品質を保証し、ミス・やり直しを撲滅する

　トヨタ自動車では、工場の改善だけではなく、スタッフ（事務系社員、業務系社員）の業務やエンジニア（技術系社員）の業務の改善にも取り組んでいます。**第3章**で説明したオフィスの「自工程完結」は、トヨタ生産方式（TPS）における「自働化（にんべんの自動化）」、すなわち「品質を工程で造り込む」という考え方を発展させたものです。

　1990年から製造部門において、自工程完結の方式である各工程で品質を造り込む活動が始まり、品質不良が劇的に低減しました。この自工程完結を2007年頃からスタッフ業務やエンジニア業務の改善にも応用することで、数々の成果が生まれています。

　開発設計段階の原価に関する業務は原価計画の一部ですが、各設計者はチーフエンジニ

アが決めた各部品に対する「原価の目標値」を達成する必要があります。ここではチーフエンジニアが決めた原価の目標値と表現しましたが、その目標値を決める段階から各設計部署が参画しているので、実際には合意された原価の目標値になります。

原価の目標値には、通常の業務で達成できる原価と、いろいろな努力と挑戦を行わなければならない原価があります。各設計者は図面を作成すると同時に原価も検討しながら、すなわち原価を計算しながら業務を進めます。

開発設計時の原価の見積もり方は次の(1)〜(3)の通りです。

(1) 原価の企画・計画時のコストのデータベースを利用して原価を算出

コストのデータベースは開発設計部門内のコストセンター室が準備します。このコストセンター室は各設計者のサポートだけではなく、チーフエンジニアの原価企画のサポートも行っています。

(2) 内製部品のコスト

生産技術部門が原価を算出し、設計者に提供します。

(3) 新規に開発する部品などの原価(外注部品)

経理部門と調達部門に原価の見積もりを依頼します。この原価見積もり表については**表6-9**を参照してください。

表6-9 原価の見積もり表(作成：筆者)

原価見積もり表					
仕入れ先名			1. 開発提案見積もり 2. 目標原価（審査）見積もり ※価格／数量は1000個単位で記入		

（設計使用）
- 機種
- 品名
- 品番
- 開発日程・生産数量・他
- 設計意図 要求性能
- 設計見積もり　円
- 設計予想質量　gr
- 年　月　日　○○○
- 承認　確認　作成

（見積もり部署／見積もり）
- 材料費
- 加工費
- 管販利益
- 型費
- 合計
- 質量
- 内訳
- VE/VA
- 承認　確認　作成

各設計者が設計した図面と見積もった各部品の原価には、上司の承認（サイン）とチーフエンジニアの承認が必要です。チーフエンジニアは原則、全ての部品の図面と原価に対して承認を行います。

　各設計者は2人の上司を持つことになります。1人はもちろん、自分が所属している部署の上司です。そして、もう1人の上司がチーフエンジニアになります。人事権は所属する部署の上司にありますが、開発設計の大半の時間をチーフエンジニアの下で業務します。そのため、実質的な上司はチーフエンジニアであるといったほうがよいかもしれません。

6.2.3.1　原価企画と原価計画時の注意点

　続いて、原価企画と原価計画時の注意点について説明します。

　多くの企業が企業会計のための会計ソフトウエアを利用しています。各決算の年度ごとに原価のデータがあります。ただし、それは経理用データです。この原価のデータを、原価企画と原価計画時には直接に使用してはいけません。原価企画と原価計画時の原価のデータ（原価企画・計画用データ）は別途、用意する必要があります。

　経理用の原価データと原価企画・計画用の原価データには**表6-10**のような違いがあります。これら2つは原価の算出方法と前提となる原価データベースが異なります。そのため、経理用とは別に、原価企画・計画用の原価計算と原価データベースが必要です。なお、トヨタ自動車は原価企画・計画段階の原価計算システムとデータを別途準備しています。

表6-10 経理用の原価データと原価企画・計画用の原価データとの比較（作成：筆者）

原価の費目	経理用データ（企業会計のデータ）	原価企画・計画用データ
内製部品の型・治具	法定耐用年数で償却	商品寿命（5年）で償却
購入部品の型・治具	1〜2年で償却価格はその分高い 2〜3年以降は償却費分、購入価格が下がる	商品寿命（5年）で償却
開発設計費用	1年で償却 2年以降はゼロ	5年（商品寿命）で償却
内製の固定費	内製の固定費は各商品に配賦されている	当該商品が直接的に負担すべき原価（直課）のみで検討する

6.2.3.2　開発設計時の原価低減項目

　開発設計時には、[1] 材料費の低減、[2] 購入部品費の低減、[3] 設計費・試作費の低減の3つの原価低減項目を考慮します。

[1]材料費の低減

(1)仕様の見直し〔VE(Value Engineering：価値工学)〕

(2)材質の見直し

(3)歩留まり(材料取り)

[2]購入部品費の低減

(1)要求仕様の見直し(VE)

(2)材質の見直し

(3)歩留まり(材料取り)

(4)加工工程の原価低減

[3]設計費・試作費の低減

(1)設計不良・変更の低減

(2)設計リードタイムの短縮

(3)「見える化」管理、大部屋管理

(4)設計の標準化

部品費：板金部品の例

	コスト	材料	板厚	素材形状	歩留まり	工法	工程数	部品重量
現モデル	550円	GA材	1.2t	300mm×500mm	65%	単発プレス	5工程	450g
新モデル	(目標)385円	GA材	1.0t	300mm×450mm	75%	単発プレス	3工程	380g

◆現モデル部品の板厚、プレス工程数など低減可能と思われる要素の徹底分析
　(部品検討会、図面DR、CAE解析などによる)
　その結果を新モデルの設計へ確実に反映

部品費：樹脂部品の例

	コスト	材料	工法	成形機容量	サイクルタイム	部品重量
現モデル	320円	ABS	インジェクション	3000T	65秒	150g
新モデル	(目標)224円	PP	インジェクション	2000T	50秒	130g

◆現モデル部品の材質、成形機容量、サイクルタイムの必然性徹底検証
　その結果を新モデルの設計へ確実に反映

図6-13 設計時の原価低減例(作成：筆者)

開発設計時において原価を低減した事例を**図6-13**に示します。

板金部品の例では、新モデルでの原価目標値である385円を達成するために、設計を工夫して、現モデルと同じ強度を保ちながら材料の鋼板(GA材)の板厚を薄くしている上に、

材料の歩留まり（材料の有効利用率）も向上しています。樹脂部品の例では、新モデルでの原価目標値である224円を達成するために、設計を工夫して、現行モデルのアクリロニトリル・ブタジエン・スチレン（ABS）をポリプロピレン（PP）に変更することで原価低減しています。

以上が、開発・設計段階の原価計画の説明となります。

6.2.3.3　VEとVA

最後にVEとVAについて簡単にまとめておきます。

(1) VE（Value Engineering：価値工学）
概要：VEは、製品やプロセスの設計および機能を最適化し、その結果としてコストを削減する手法。
目的：VEの主な目的は、必要な機能や品質を維持しつつムダを排除し、コストを最小化すること。
手法：VEは通常、クロスファンクショナルなチーム（部門横断チーム）が協力してアイデアを共有し、製品の機能や要件を検証するプロセスを含む。

(2) VA（Value Analysis：価値分析）
概要：Value Analysis（価値分析）は、製品やプロセスにおける各要素の機能やコストを分析し、不要なコストを取り除く手法。
目的：VAの主な目的は製品のコスト構造を理解し、最適な価値を提供するために冗長な機能や不要な要素を特定すること。
手法：VAは通常、機能の優先順位付けやコスト分析を行い、効果的な改善策を見つけるために部門横断チームが協力する。

　VEとVAを含む設計段階でのトヨタの原価計画手法は製品開発やプロセス改善において広く採用され、コスト効率の向上と品質の確保に寄与します。

第1章

原価計画2:
生産企画・調達企画の原価計画

原価計画2：
生産企画・調達企画の原価計画

　開発設計段階の原価計画を終えると、次に生産企画・調達企画の原価計画に進みます。生産企画・調達企画の原価計画とは、製品・部品の内外製検討および決定です。内製で生産するか外注で調達するかは、主に原価・調達コストを検討して決定します。また、生産・調達はグローバルに広がっており、国や地域で事情や物流条件などが異なるため、原価もグローバルな視点で検討して決定をします。中核の製品・部品については内製する方針を取る会社もあります。内製の製品・部品については、生産工程・生産設備を目標の原価以下になるように検討して計画します。

7.1　生産企画段階の原価計画

　新製品および新部品の内製の生産工程計画は、開発設計された図面を基に検討します。生産企画段階の原価計画を検討するエンジニアは生産技術者です。生産技術者は正式な図面が出図される前に、設計者が作った3D（3次元）の検討図の段階で事前に生産工程・生産設備の検討を行っています。

　実は、設計者が新製品および新部品を設計するときには、生産する生産工程・生産設備・金型などが分からなければ設計できない場合が多いのです。従って、設計者と生産技術者が大部屋のDR（設計審査、デザインレビュー）検討などで綿密に打ち合わせをしながら設計を進めます。

7.1.1　生産企画の基本方針

　トヨタ自動車の場合、構成品の内製化について次のように決めています。

(1)必ず内製化するもの

クルマの魅力的な品質に直接影響し、多大な設備投資が必要になる構成品。

・車体
・エンジン
・サスペンション

(2)物流コストの面で内製化するもの

・バンパー(樹脂成形品)などのかさばる構成品

(3)当面は内製化するものの、後に外注するもの

材質や製法がまだ確立していない新規の構成品で、原価も定かではないもの。

[過去の例]
・ショックアブソーバー
・シート
・電子部品など

(4)外注するもの

既に製法などが決まっていて原価もある程度把握できる構成品、または専門の部品会社があり、外注の方が性能やコスト的に有利な構成品。ただし、経済性を検討してから内製か外注かを決める。

このように、製品の性能を決める主要な構成品は内製化します。技術や設備投資額、採算性などの観点から内製では不得手と判断した構成品は外注にします。このように、さまざまな検討を経て生産企画を作り上げていきます。

7.1.1.1　原価の観点から内外製を決める場合や原価を検討する場合の注意点

内外製の決定や原価の検討は**第4章**で説明した「経済性検討」の方法で行うべきです。くれぐれも通常の原価の計算から判断しないようにしてください。特に、変動費に重点を置いて検討します。固定費はケースバイケースで検討します。この点で、企業の会計業務と実際の業務(利益を生み出す業務)とでは原価の取り扱いが大きく異なります。

生産企画では、まず地理的な観点で検討を行います。地理的に遠いと物流費がかさみます。また、サプライチェーン(供給網)マネジメント(SCM)が十分に行き届かないなどの問題もあります。

現在はグローバルな観点で内外製の企画を進めることが多くなっています。生産コストだけではなく物流コスト・関税・梱包費などが大きくなり、海外生産の企画の検討は複雑

化しています。

生産企画の手順は下記のステップで進めます。

(1) 自社の国内工場(内製)

　メイン工場(新製品の生産工場)を中核にする。
(2) 自社における他の地区の国内工場(内製)

　メイン工場に一部の部品を生産・供給する工場。
(3) 日本の部品会社(外注)との経済的な比較

① 自社の工場に近い地域にある部品会社(数km圏内)。

② 自社の工場に比較的近い地域にある部品会社(数十km圏内)。

③ 自社の工場から遠い地域にある部品会社(数百km以上の圏内)。

(4) 自社の海外工場(準内製)

(5) 部品会社の海外工場(海外外注)

物流費は見積もりが正確に出せないか、もしくは当初の想定よりも高くなる傾向があります。場合によっては(特に海外との物流では)製造コストの数倍になることもあります。もちろん、生産企画・内外製の検討では経済的な面だけではなく、性能品質や安定的な供給が可能か否かなどを検討しますが、ここでは経済的な面を主に説明します。

第5章5.3.2で説明した通り、新製品が企業に利益を生むようにするには、利益は(①売値－②コスト)×③販売数で計算します(図7-1)。

図7-1　利益の計算式(作成：筆者)

① 売値を上げる

　製品の付加価値を高めることにより、売値を上げることができます。
② **コストを下げる**

　原価企画を実施して原価低減活動を徹底することにより、コスト削減を実現できます。
③ 販売数を増やす

生産企画を行う上で重要なことは、生産の企画においてその商品・製品が生み出す利益が最大になるように追求することです。生産企画とは、原価を最小にする方策を検討するこ

とです。具体的には、コストが下がりそうな生産企画案を複数作成し、比較検討を行います。

図7-2では、案Aと案B、案Cを比較検討し、利益が最大になる案に決定します。

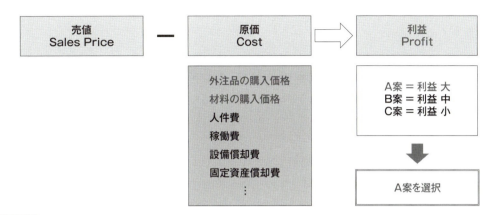

図7-2 生産企画案の比較検討（作成：筆者）

7.1.2　内製部品の原価計画

新製品の内製の生産を準備するために、工場の計画と生産ラインの計画（生産準備）を進めていきます。生産ラインの原価計画上のポイントは、内製品の総原価が最小になるように生産準備の業務(生産ライン計画、設備計画)を展開することです。

7.1.2.1　内製部品の原価低減項目

内制部品の原価低減項目には次の3つがあります。

[1]設備投資額などの低減
(1)設備仕様の見直し〔VE（価値工学）〕
(2)良品の歩留まり
(3)汎用化・専用化設備

[2]設備稼働費などの低減
(1)設備故障の低減
(2)不良率の低減
(3)保全性の向上
(4)設備運転費用の低減
(5)段取り改善

[3]加工工数の低減
(1)レイアウト変更
(2)工程の山積み(バランス)
(3)生産方式の検討
(4)ポカヨケ

[1]設備投資額などの低減

　設備投資額は減額できたものの、加工工数が増えてかえって総原価では増えた、とならないように、さまざまな案の経済性検討を行い、最も原価的に有利な生産方法・生産設備を計画します。特に、不良率が低い、すなわち歩留まりが高い生産ライン・生産設備を造り上げることが重要です。加工の工程数をできる限り少なくする工夫を講じると、設備投資額や金型の投資額を低減できます。

　加えて、材料の歩留まりが原価上、非常に重要です。例えば、塗装吹き付け機械では、塗装吹き付け時に製品に付着する塗料には付加価値がありますが、付着せずに落下する塗料はムダです。いわゆる塗着効率を上げる塗装吹き付け機械を計画することが重要です。

　プレス用金型では、鋼板の歩留まりが高くなるように金型の設計を行います。製品設計で決めた形状で歩留まりが大きく左右されるため、設計部門の設計者と協力して歩留まりを向上させます。

[2]設備稼働費などの低減

　まず、設備故障が少なくなるように設備の仕様を工夫します。いくら高速で運転できても、頻繁に故障するようでは**可動率**[*1]が落ち、修理や復帰に時間がかかります。また、このような異常のときに品質不良が発生し、原価が上昇します。

　段取り改善も重要なポイントです。特定の部品を生産する専用設備以外の一般的な設備では、1台の設備で可動率を高めるために、いろいろな部品を生産します。そのため、治具・工具・金型などを交換する必要があり、交換時間や品質を確保するための調整時間が必要になります。これらの時間が段取り時間です。

　段取り時間が長いと、生産ライン・設備の可動率が落ち、原価が上昇します。設備を設計・製作する一般的な会社では、こうした段取りの短縮を考慮しない設備仕様になっていることが多いため、あらかじめ設備の仕様を十分に検討することが必要です。

[*1] 可動率は、設備を動かしたいときに正常に動かせた時間を割合で示した指標です。可動率が100%に近ければ、設備がトラブルなく動き続けていることを示します。一方、稼働率は生産計画での生産量または時間に対する、実際の生産量または時間の比率を示した指標です。稼働率が100%に近いほど、設備を効率的に稼働できたことを示します(**表7-1**)。

表7-1 可動率と稼働率の違い（作成：筆者）

	可動率	稼働率
定義	設備の正常動作可能な時間に対する実際に正常に動作した時間の割合	設備の稼働可能な時間に対する実際の稼働時間の割合
指標	設備の運転効率	製品の生産効率
計算式	（正常な生産時間－停止時間）÷正常な生産時間×100％	実際の生産台数÷生産能力の台数×100％（生産量基準）
特徴	需要・オーダーの影響を受けず、100％を超えることはない	受注に応じた生産実績に基づいており、生産量と時間の基準によって算定できる

[3]加工工数の低減

生産ラインの**加工工数**の低減は人件費の低減に直結します。加工工数とは、製品1個を生産する人の時間のことです。

　　加工工数＝加工時間×人員数／加工した個数

例えば、3人で2時間加工した結果、12個完成した場合、

　　加工工数＝2時間×3人／12個＝0.5時間／個＝30分／個

となり、製品ごと・部品ごとの加工工数は安定した生産ラインでは一定です。

生産部署では加工工数を改善することが重要な仕事になっています。加工工数を削減するために、トヨタ生産方式（TPS）を最大限活用して改善を行います。部品の置き方や設備の配置を工夫する、1人で多台の（複数台で多くの）設備を担当できるようにレイアウトを変更するなどの改善を行います。また、タクトタイムの時間に合わせるように、工程ごとの1人当たりの仕事量のバランスを取ります。

7.2 海外生産の原価計画

海外で生産するプロジェクトでは、生産がグローバルに展開されています。この業務の原価計画上のポイントを説明します。まず、内製している親会社の製品・部品の原価を日本または海外で生産した場合の原価と比較します。

7.2.1 海外生産での原価の推定方法

新会社を設立して新製品を海外で生産するプロジェクトでは、海外で生産しても新会社が利益を出さないと海外進出の目的を果たせません。こうしたプロジェクトは莫大な設備

投資を要し、かつ大勢のスタッフが必要になります。当然、人件費や経費も膨らみます。

従って、こうしたプロジェクトでは日本の本社と海外の子会社の両方で利益が出なければなりません。そのためには、海外の子会社の売値・販売台数・原価を正しく推定する必要があります。採算を検討し、プロジェクト企画書を作成して、会社の決済機関である原価会議に上程して決済を受けます。

決済の基準は、3年で単年度の決算が黒字になること、そして5年で累損（累積損失）が解消することです。この決済基準をクリアできるプロジェクトであることを証明しなければなりません。ここでは、このプロジェクト企画書に必要な原価の推定を説明します。

7.2.1.1 採算の検討ステップ

海外の子会社の内製と当該国で国産化する部品（子会社にとっては外注部品）の原価が最小になるように内外製の計画を立案していきます。

[1]海外の子会社の内製原価の推定

海外の子会社の内製原価の推定では、まず海外の子会社の原価をできる限り下げる工夫を施した計画を立案し、その後で原価を推定する。

[2]部品の海外での国産化の企画

日本からの支給品のコストと当該の国での部品の国産化（子会社にとって外注部品）を比較し、安くなるような国産化部品を選択する。これを国産化企画と呼ぶ。

[3]決済基準を満たすか否かの確認

その上で、海外の子会社の総原価を把握し、利益が先ほどの決済基準をクリアしているかどうかを検証する。

7.2.1.1.1 [1]海外子会社の内製原価の推定

採算の検討の1つ目のステップ、海外子会社の内製原価の推定について説明します。海外子会社の内製原価の推定は次のように進めます。

(1)新車種の内製工程の生産準備の基本計画書を立案し、海外の子会社の工程設計と概略の設備・金型・治具について検討します。

(2)日本の親会社の原価データを参考にしながら、現地の子会社で調達できる設備・金型・治具の設計・製作の能力、性能、価格などを調査します。

(3)設備・金型・治具などを日本調達にするか現地の調達にするかを決めます。

(4) 設備・金型・治具の投資額を見積もります。日本の調達設備は性能・品質の点では安心ですが、当然、日本の調達設備を海外の子会社に設置するまでの費用は関税・輸送費がかさみます。従って、現地調達の設備・金型・治具をできる限り多くした方が原価的には低くなるケースが多いといえます。ただし、技術的に現地化できるのか、さらに安定した品質を確保できるのかを検討することが基本です。

7.2.1.1.2　海外子会社における内製原価の推定の例

具体的な例を用いて説明しましょう。ある製品「AA車（小型バス）」の内製の原価計画を例に海外の子会社の原価を見積もり、採算性を確認します。このプロジェクトは、日本で生産している小型バスを海外（中国）の子会社で生産・販売する案件です。小型バスには高級車と中級車の2種類の仕様があります。プロジェクト全体の採算を検討します。

(1)子会社の内製の原価

日本で内製している部品・工程をそのままこの子会社でも生産します。

(2)日本からの支給品

日本で内製しており、すぐには中国で国産化できないエンジンなどは日本からの支給品となります。

(3)国産化計画を作成

日本での外注部品は中国の国産化部品と日本からの支給品のコストを比較して決定します。この子会社の総原価は(1)+(2)+(3)の合計となります。

7.2.1.1.3　子会社の内製の原価

新製品の内製原価を算出するに当たり、妥当と思われる前提条件を明確にして、原価に大きく影響する主要な各費目を限定して算出します（**図7-3**）。

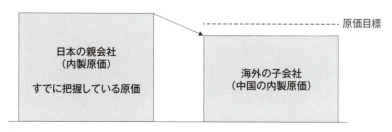

図7-3　子会社の原価目標（作成：筆者）

算出するための前提条件は以下のように決めます。

［前提条件］
① ある製品（AA車）の工場出荷価格（販売に卸す価格の目標）を決める。
　高級グレード車　38.6万元[*2]
　中級グレード車　24.7万元
　モデルライフ　10年
② 内製の原価を推定する（日本からの支給品と中国の外注部品を除く）。
③ 日本調達設備のマークアップ係数（日本で設備調達し、海外に輸出して設置する場合のコストアップ係数）を以下とする。
　1.68倍（関税40％）
④ 設備・金型の償却年数をモデルライフと同じ10年とする（法定の設備・金型の償却年数とは異なる。会社会計ではこれを用いる）。
　設備償却年数　10年
　型の償却年数　10年
　建屋　30年
⑤ 内製工程の必要な人員は工程ごとに生産技術者が見積もる。
⑥ 労務費（給与＋福利厚生費）は1人当たり3万2670元／年とする。
⑦ 原価に大きく影響する主要な各費目を限定して算出する。

[*2]　前提条件は検討した当時の為替レート・給与レート・物価で計算している。為替レート＝12.34円／元。

続いて、内製工程の方針を決めます。

［内製工程の方針］
① 採算性の改善
　金型・設備については、中国での調達は品質・性能などで懸念点はありますが、投資額を削減するために日本調達を極力減らす必要があります。
② 設備償却費の算出方法
　販売企画台数は10万台／10年間だが、設備償却費の計算では採算性の安全をみて8万2000台／10年間とする。

次に主要な費目を決めます。

[主要な費目]

① 素材費

・鋼板：台当たりの材料別素材質量×鋼板単価

　日本製の鋼板分は1.5倍とする。

　中国製の鋼板は1.0倍とする。

・プレス部品：内製部品ごとに合計して原価を求める

・塗料：台当たり使用量×塗料単価

② 加工費

・労務費

　直接労務費：年間平均賃金×計画人員／(1万台／年)

　間接労務費：年間平均賃金×計画人員／(1万台／年)

　計画人数は工程ごとに生産技術者が見積もる。

・間接材料費：副資材及び消耗性工具など

　日本ベース×修正係数(1/3)

・エネルギー費：使用量×単価(**表7-2**)

・保全費：日本ベース×修正係数(1.0)

・工場経費：日本ベース×修正係数(0.5)。建屋税を含む

・補助部門費：間接労務費に含める

・生産準備費用・試運転費用：別途見積もる

表7-2 エネルギー費の例(作成：筆者)

	使用料×単価	日本比
電気	2590kWh × 0.553元	0.5
ガス	100m × 0.89元	0.3
水	30t × 0.75元	0.3
蒸気	2.9t × 60元	0.3

続いて、設備・金型・治具の償却費を決めます。

[設備・金型・治具の償却費]

・販売企画台数は10万台／10年間ですが、採算の安全をみて8掛けの8万2000台／10年間年数として、台当たりの償却費を計算します(**表7-3**)。

表7-3 台当たりの償却費の計算式（作成：筆者）

プレス用金型・治具 （原価低減のため、全て中国国内の調達とする）	該当投資額÷82,000台（10年）
汎用設備（日本調達分）	該当投資額÷82,000台（10年） マークアップ係数＝1.68
汎用設備（現地調達分）	該当投資額÷82,000台（10年）
建屋	該当投資額÷282,000台（30年）

　これらの前提条件および主要な各費目で算出した海外子会社の内製原価を例示します[*3]。**表7-4～表7-6**になります。

*3　縦横の小計・合計の欄で、縦横の小数点の処理で1桁の数字に差が出ている数字があるが、ご了承いただきたい。

　以上から、採算を検討します。

[本前提条件での採算検討]

　表7-7のように進めて採算検討を行います。

　これをグラフにすると**図7-4**の通りです。内製工程のみのCIM（Cost Index Manufacturing）は0.73なので、日本の生産コストの0.73倍となり、海外の子会社の採算性は非常に良いと推定できます。その上で、日本での外注品に相当する部品の国産化原価をプラスする必要があります。

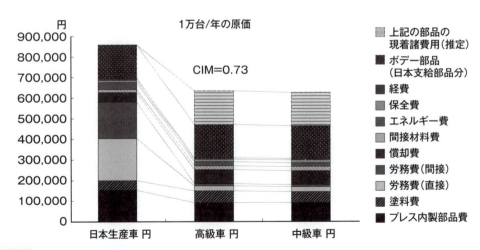

図7-4 内製原価の比較（作成：筆者）

表7-4 内製原価見積：労務費・加工費（作成：筆者）

AA車　現地内製原価見積もり　　　　　　　　　　　　　　　　海外生産企画部

為替レート＝12.34円/元　人件費＝32,670元/年

費目		算出方法	原価（元/台）高級車	原価（元/台）中級車	原価（円/台）中級車
プレス部品費		104部品			
	鋼板	日本商社情報をベースに材質毎計算	6,524	6,524	
	直接労務費	116人（フル）×賃金÷1万台	379	379	
	間接労務費	16人	52	52	
	間接材料費	日本（276元）×1/3	92	92	
	エネルギー費	電気（日本の10%）	143	143	
	保全費	日本と同額	316	316	
		小計	7,506	7,506	92,624
塗料		日本単価×係数（1.0）×使用料	4,582	4,254	52,490
加工費					
	直接労務費	計画人員（フル）×賃金÷1万台 溶接　190 塗装　148 組立　284 計　　622　　小計	2,032	2,032	25,075
	間接労務費	計画人員×賃金÷1万台 溶接　22 塗装　8 組立　14 他　　117（物流・原動・監査） 間接　65（生産・品管スタッフ） 計　　226　　小計	738	738	9,107
	間接材料費	日本ベース×係数（日本×1.5） 溶接3,400円＝276元 塗装6,000円×1.5＝9,000円＝729元 組立5,100円×1.5＝7,650円＝620元　小計	1,625	1,625	20,053
	エネルギー費	使用量×現地単価 ｜　　｜電気　｜ガス｜水　｜蒸気　｜計　　｜ ｜溶接｜430　｜　　｜　　｜　　　｜430　｜ ｜塗装｜716　｜89　｜23　｜174　 ｜1,002｜ ｜組立｜143　｜　　｜　　｜　　　｜143　｜ ｜計　｜1,289｜89　｜23　｜174　 ｜1,575｜　小計	1,575	1,575	19,436
	保全費	日本ベース×係数（1.0） 溶接　1,300円＝105元 塗装　9,600円＝778元 組立　1,800円＝146元　小計	1,029	1,029	12,698
	経費	一般経費は日本の0.5倍	402	402	4,961
1）労務費・加工費等の合計			19,489	19,161	236,444

表7-5 ▶ 内製原価見積：設備償却費（作成：筆者）

費目	算出方法		元/台	原価（元/台）高級車	原価（元/台）中級車	原価（円/台）中級車
減価償却費						
プレス型	投資額÷10年間台数		元/台			
	高級車	700万元	283			
	中級車	860万元	150			
	モデル共用	9,431万元	1149	（モデル専用型＋共用型分）		
	計	10,991万元		1,432	1,299	
プレス汎用機	計	6,163万元	751	751	751	
	（投資額 計 17,154万元）		小計	2,183	2,050	25,297
溶接用治具	投資額 435			435	435	5,368
溶接用汎用機	投資額 253			253	253	3,122
	（投資額 計 5,640万元）		小計	688	688	8,490
塗装設備	現調 投資額 4,703万元			574	574	7,083
	日調 523万元×1.68＝879			107	107	1,320
	（関税40%）					
	（投資額 計 5,582万元）		小計	681	681	8,403
組立設備	現調 1,010万元			123	123	1,518
	日調 1,038万元×1.68/1.3＝1,341万元			163	163	2,011
	（FOBを現着に換算）					
	（投資額 計 2,351万元）		小計	286	286	3,529
物流機器	物流機器＋倉庫					
	（投資額 2,200万元）			268	268	3,307
生産準備費（試験運転費）	1,536万元			187	187	2,308
建屋	（投資額 計 10,000万元 30年償却）			354	354	4,368
原動力設備	（投資額 計 7,000万元）			853	853	10,526
2）償却費合計				5,500	5,367	66,229

表7-6 ▶ 内製原価見積：内製原価総合計（作成：筆者）

内製原価総合計	1）労務費・加工費等の合計＋2）償却費合計	24,989	24,528	302,676

7.2.1.2 ［2］部品の海外での国産化の企画

続いて、海外生産車の企画の業務である部品の国産化企画について、具体例を交えて説明します。

図7-5は、海外の工場で日本の親会社と同じような製品を生産する海外生産の例です。生産国は米国・タイ・中国・インドネシアなどがありますが、国が違っても検討の仕方は同じです。

検討するときにイメージが湧きやすいように、ここでは国をタイとします。タイに新商品のクルマを生産する会社を造り、タイ国内で販売するという生産企画の検討です。

表7-7 現地内製の採算検討費（作成：筆者）

		高級車 元	中級車 元
現地内製分	プレス内製部品費	7,506	7,506
	塗料費	4,582	4,254
	労務費（直接）	2,032	2,032
	労務費（間接）	738	738
	償却費	5,500	5,367
	間接材料費	1,625	1,625
	エネルギー費	1,575	1,575
	保全費	1,029	1,029
	経費	402	402
	小計	24,989	24,528

為替レート＝12.34円/元

		日本生産車 円	高級車 円	中級車 円
現地内製分	プレス内製部品費		92,624	92,624
	塗料費		56,542	52,494
	労務費（直接）		25,075	25,075
	労務費（間接）		9,107	9,107
	償却費		67,870	66,229
	間接材料費		20,053	20,053
	エネルギー費		19,436	19,436
	保全費		12,698	12,698
	経費		4,961	4,961
	小計	695,612	308,366	302,677
日本	ボデー部品（日本支給部品分）	161,346	161,346	161,346
	上記の部品の現着諸費用（推定）	0	161,346	161,346
	台当たりの原価総合計	856,958	631,058	625,369

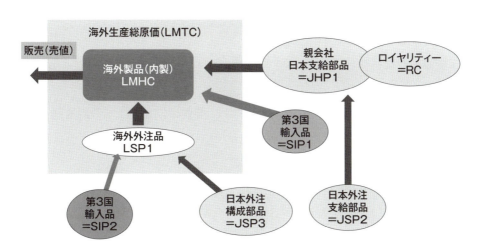

図7-5 海外の生産企画の例（作成：筆者）

この例ではタイで生産・販売するため、日本の親会社の利益を追求することを優先するのではなく、タイの会社の利益が大きくなるように原価を検討することが生産企画の重要なポイントです。

7.2.1.2.1　海外の生産企画の例

このタイの会社の利益が最大になるように、グローバルな生産・調達（タイ国内・海外）を検討します。タイの会社の利益は「利益＝**(売値－原価)**×販売数」です。日本の親会社の利益が最大になるのではなく、タイの会社の利益が最大になるように、すなわちタイの総原価が最小になるような生産企画を検討します。

現地国産化分（現地内製分、LMHC：Local Manufacturing Home Cost）の購入価格を検討するときに、構成部品ごと（クルマの場合は主要構成品1000点ごと）に日本の価格と現地の国産化の価格を調査して比較します。

国産化の実力値を確認するための指標は **CIM（Cost Index Manufacturing）** を用います。

CIM ＝現地品調達価格／日本の親会社の購入価格

部品ごとのCIMを調査することで、その国の産業力を解析できます。部品の国産化（この場合はタイで生産）の検討の重要な指標になります。

この例の検討条件は次の通りです。

現地生産製品の総原価（LMTC：Local Manufacturing Total Cost）は、下記の項目から構成されます。
① 日本の親会社からの支給部品の価格「JHP1」に関するタイ会社への到着価格（Landed JHP1）
② 現地国産化分（現地内製分）の原価＝LMHC
③ 現地国産化分（現地外注分）の購入価格＝LSP1（日本調達分＋第三国調達分含む）
④ 第三国からの輸入部品の購入価格＝SIP1
⑤ 生産製品（日本設計分）のロイヤリティー（契約準拠）＝RC

現地生産製品の総原価（LMTC）は下記の式になります。

総原価(LMTC)＝①日本からの支給部品JHP1のタイ会社への到着価格(Landed JHP1)＋②現地国産化分(現地内製分：LMHC)＋〔③現地国産化分(現地外注分：LSP1)＋④第3国からの輸入部品(SIP1)＋⑤生産製品(日本設計分)のロイヤリティー(RC)〕

　今回の例では理解しやすくするために、①日本からの支給部品JHP1のタイ会社への到着価格(Landed JHP1)と②現地国産化分(現地内製分の購入価格：LMHC)のみを検討します。また、原価の費目の中で為替レートが関係する費目もありますが、ここでは為替レートの影響を考慮せずに検討します。

　この例における現地生産製品の総原価(LMTC)は下記の式になります。

現地生産製品の総原価(LMTC)＝①日本からの支給部品JHP1のタイ会社への到着価格(Landed JHP1)＋②現地国産化分(現地内製分：LMHC)の購入価格の合計

(1)主要な部品ごとのLanded JHP1を推定します。

Landed JHP1 ＝ JHP1＋(梱包コスト＋物流コスト＋輸出・輸入通関コスト＋保険輸入＋関税)

(2)CILを部品ごとに計算します。
　日本支給とするか現地国産化とするかの判断には**CIL (Cost Index Landed)**を使用します。

CIL＝現地品調達価格／日本からの支給品の現地到着価格

(3)海外調達(現地部品)の全てのCILを**図7-6**のように低いものから並べます。
　CILの低い順番に並べることで、国産化が有利な(原価的に有利な)部品の順番が分かります。その上でCILの低い順番に国産化します。
　CIL＝1.0までが原価的に有利な部品ですので、原則はそこまで部品の国産化を進めます。しかし、海外の国では産業政策によって国産化率が60％以上であったり、80％以上であったり、部品(タイヤ、エンジンなど)によっては必ず国産化すると決まっていたりします。そのため、その国の産業政策に沿って部品の国産化を進める必要がありますが、基本的には経済性を追求して決めていきます。

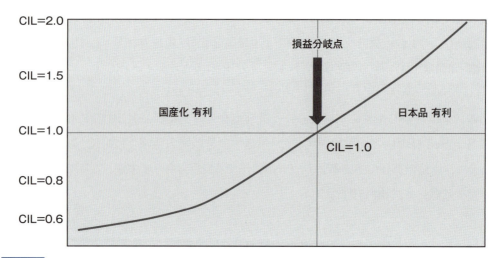

図7-6 現地生産製品のCIL（Cost Index Landed）（作成：筆者）

(4) CILが低い順番に部品の価格の累計値を**図7-7**のように計算します。

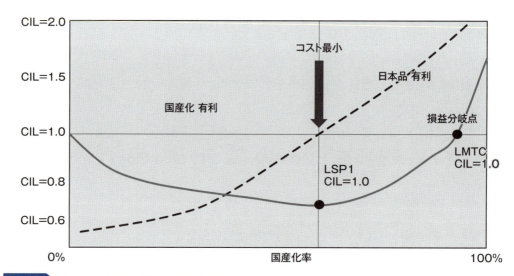

図7-7 現地生産製品の総原価（LMTC）（作成：筆者）

　この図から分かるように、現地生産製品の総原価（LMTC実線）が最小になるのは、CIL＝1.0の部品までを国産化した場合です。CIL＝1.0以上の部品は日本から供給した方が有利になります。やむを得ず、その国の産業政策上CIL＝1.0以上の部品を国産化せざるを得ない場合でも、採算を考慮してCILの順番で部品を国産化します。

　LMTC（タイの部品の総原価）＝1.0が、国産化部品の国産化のメリットと日本からの供給部品の価格の損失が相殺される損益分岐点です。

　このように、タイの会社の原価が下がるように、日本の支給品と現地の国産化部品を選

定することで、タイの会社の原価が下がります。すなわち、タイの会社の利益が増大します。その場合の親会社の収益とタイの会社の収益をリストアップすると次のようになります。

【親会社(日本)の収益源】
① 日本の支給部品からの利益
② 現地会社の資本金からの配当
③ その商品・製品の親会社のブランド・製品開発費用などのロイヤルティー
④ 現地会社の技術指導料(出張指導、日本での指導)
【現地会社の収益源】
製品生産と販売による利益

　親会社が①の日本の支給品からの利益をあまりに多くすると、現地会社の利益は低下し、日本の親会社に支払う②〜④の財源を確保できません。当面は、日本の親会社の収益の増大よりもタイの会社の収益を優先する必要があります。タイ国内で競合する他社と勝ち抜くためには、新会社の体力を強化する必要があります。

　以上、海外生産車の企画の業務である部品の国産化企画を説明しました。ここで、より理解が深まるように演習問題を用意しました。

7.2.2　演習：海外生産の原価計画

　海外生産企画時の調査事項は次の通りです。
(1)「CIM = 海外での製造原価／日本での製造原価」を把握する
(2) 国産化の部品の内製と外注の明確化(この演習では海外内製とする)
(3) 海外の部品会社の実力(品質・コスト・材料)の把握
(4) 海外調達品(現地部品)と日本調達部品との価格比較→CIL
　それでは、問題1〜7で実際に原価の調査方法を見ていきましょう[*4]。海外生産品である商品Aは10個の部品(TY1〜10)で構成されています。商品Aの原価が最小になるように、すなわち利益が最大になるように、部品ごとの原価を調査します。

*4　問題1〜7の解答は本章の最後にまとめて記載している。

海外の原価を調査し、CIM（Cost Index Manufacturing）を求める

【問題1】表7-8の「CIM」を算出してください（小数点第3位まで、以下四捨五入）。

表7-8 ▶ 演習：海外生産の原価計画（問題1の表）（作成：筆者）

	構成部品	日本での製造原価	海外子会社への支給品価格（売値）	日本親会社の利益	海外での製造原価（国産化原価）	CIM
1	TY1	1,318	1,450	132	1,300	
2	TY2	1,727	1,900	173	1,800	
3	TY3	1,482	1,630	148	1,500	
4	TY4	409	450	41	700	
5	TY5	436	480	44	500	
6	TY6	1,145	1,260	115	1,700	
7	TY7	382	420	38	1,500	
8	TY8	636	700	64	1,600	
9	TY9	436	480	44	1,400	
10	TY10	764	840	76	1,900	
合計		8,736	9,610	874	13,900	

日本からの支給品の現地到着価格（Landed JHP1）を求める

【問題2】表7-9の「Landed JHP1」を算出してください。

表7-9 ▶ 演習：海外生産の原価計画（問題2の表）（作成：筆者）

	構成部品	日本での製造原価	海外子会社への支給品価格（売値）	支給品の輸入諸経費	Landed JHP1（日本支給部品）
1	TY1	1,318	1,450	200	
2	TY2	1,727	1,900	300	
3	TY3	1,482	1,630	350	
4	TY4	409	450	100	
5	TY5	436	480	400	
6	TY6	1,145	1,260	500	
7	TY7	382	420	900	
8	TY8	636	700	400	
9	TY9	436	480	400	
10	TY10	764	840	700	
合計		8,736	9,610	4,250	

日本と海外の原価を比較し、CIL（Cost Index Landed）を求める

【問題3】問題2で算出したLanded JHP1を基に表7-10を完成させてください。

(1)「CIL」を算出してください（小数点第5位まで、以下四捨五入）。
(2) CILが良い（値が小さい）順に「CIL順位」を記入してください。

表7-10 演習：海外生産の原価計画（問題3の表）（作成：筆者）

	構成部品	Landed JHP1 （日本支給部品）	海外での製造原価 （国産化原価）	CIL (1)	CIL順位 (2)
1	TY1		1,300		
2	TY2		1,800		
3	TY3		1,500		
4	TY4		700		
5	TY5		500		
6	TY6		1,700		
7	TY7		1,500		
8	TY8		1,600		
9	TY9		1,400		
10	TY10		1,900		
合計			13,900		

国産化レベルを決定する

【問題4】 問題3の結果を基に表7-11の(1)〜(4)を記入してください。

(1) 部品ごとの国産化率を算出してください（小数点第3位まで、以下四捨五入）。

(2) 部品の累計の国産化金額を算出してください。

(3) 部品の累計の国産化率を算出してください。

(4) 部品ごとに「国産化」か「日本支給」か、を決定してください。

表7-11 演習：海外生産の原価計画（問題4の表）（作成：筆者）

CIL 順位	構成部品	海外での製造原価（国産化原価）	CIL	部品毎の 国産化率 (1)	部品の 累計国産化金額 (2)	部品の 累計国産化率 (3)	国産化の判断 (4)
1							
2							
3							
4							
5							
6							
7							
8							
9							
10							
合計							

国産化レベルの総原価を求める

【問題5】これまでの結果を基に「現地生産製品の総原価（LMTC）」を算出してください（表7-12）。

表7-12 ▶ 演習：海外生産の原価計画（問題5の表）（作成：筆者）

CIL順位	CIL	構成部品	国産化の判断	判断後の原価
1				
2				
3				
4				
5				
6				
7				
8				
9				
10				
			総原価(LMTC)	

現地生産製品の総原価（LMTC）＝日本からの支給部品（Landed JHP1）＋現地国産化分（現地内製分）

総原価を比較する

【問題6】これまでの結果を基に表7-13を完成させてください。

(1) 全部品を国産化した場合の現地の総原価を記入してください。
(2) 全部品を日本から支給した場合の現地の総原価を記入してください。
(3) 問題4で決定した国産化レベルの総原価を記入してください。
(4) 問題4の国産化レベルを1.00として、各ケースの原価の倍率を算出してください（小数点第2位まで、以下四捨五入）。

表7-13 ▶ 演習：海外生産の原価計画（問題6の表）（作成：筆者）

ケース	総原価	原価の倍率
全部品国産化	(1)	(4)
全部品日本支給	(2)	(4)
問4の国産化レベル	(3)	1.00

利益を求める

【問題7】これまでの結果を基に(1)～(3)を算出してください。参考資料は表7-14です。

(1)日本支給品による日本親会社の利益を求めてください。

(2)現地での売値が13,000円の場合の現地子会社の利益を求めてください。

(3)日本親会社と現地子会社の合計の利益を求めてください。

表7-14 ▶ 演習：海外生産の原価計画（問題7の参考資料）（作成：筆者）

CIL順位	構成部品	国産化の判断	日本での製造原価	海外子会社への支給品価格（売値）	日本親会社の利益	海外での製造原価（全部品国産化）	日本支給部品 Landed JHP1	国産化判断後の原価
1	TY5	国産化	436	500	44	500	880	500
2	TY3	国産化	1,482	1,500	148	1,500	1,980	1,500
3	TY1	国産化	1,318	1,300	132	1,300	1,650	1,300
4	TY2	国産化	1,727	1,800	173	1,800	2,200	1,800
5	TY6	国産化	1,145	1,700	115	1,700	1,760	1,700
6	TY7	日本支給	382	1,500	38	1,500	1,320	1,320
7	TY10	日本支給	764	1,900	76	1,900	1,540	1,540
8	TY4	日本支給	409	700	41	700	550	550
9	TY8	日本支給	636	1,600	64	1,600	1,100	1,100
10	TY9	日本支給	764	1,400	44	1,400	880	880
合計			8,736	13,900	874	13,900	13,860	12,190

7.3　原価計画の検討時の留意点

　内外製検討では、会社としての戦略や将来の技術力などを考慮します。改善で内製原価は下がるため、特に新しい工程の場合は今のコスト比較だけにとらわれ過ぎないように注意します。その上で必ず経済性検討の方法で経済的な検討を行います。この検討は会社の収益に直結するため、通常の原価計算の目的と経済性検討の目的の違いを理解し、業務に支障のないようにしましょう。

　経済性検討については**第4章4.4**で例題を含めて説明しています。ここでもう一度振り返りながら、内外製を検討するときのポイントを説明します。

7.3.1　原価計算の目的と経済性検討の目的の違い

　表7-15を見てください。会計上の原価計算では、原価計算の目的はその時の会社の経営実態を把握することであり、漏れなく全費目を把握して、その期ごとの原価計算を行う必要があります。一方、経済性検討では、原価マネジメントの対象となる次の[1]～[6]の項目に関する業務を行う必要があります。

[1]内外製の検討
[2]開発・設計の構想検討、設計検討の原価把握
[3]設備投資の検討
[4]受注の損得の判断
[5]販売の値引きなどの判断
[6]外注品の値決め

表7-15 原価計算の目的と経済性検討の目的の違い(作成：筆者)

目的・各費目	会計上の原価計算	経済性の検討での計算
原価計算の目的	発生する費目を全体に把握　会社の期ごとの会計の数値に対応する費用を用いるケースが多い	内外製の検討　開発・設計の構想検討　設備投資の検討　受注の損得の判断　販売の値引き等の判断　外注品の値決め
変動費	全費目を計上	比較対象の専用の変動費を重点に検討
一般的な固定費	全費目を計上	基本的に計上しない
比較対象の専用の型費等	全費目を計上	比較対象の専用費用は計上
以下　具体例		
例1）樹脂成形機	償却費	既設設備は埋没コスト扱い
例2）樹脂成形の型	法定の償却年数での償却費	専用の金型・治具のみをモデル期間での償却年数で償却
例3）労務費	直接人員・間接人員　全体	部品を生産する直接人員のみ計上
例4）エネルギー費	全エネルギー費を計上	稼働費として計上

[1]内外製の検討

こちらは既に**第4章4.4**で例題1と例題2を交えて説明しているため、ここでは説明を省略します。

[2]開発・設計の構想検討、設計検討の原価把握

トヨタ自動車の原価企画時における実例で考えましょう。

> 車両開発のプロジェクトリーダーである「チーフエンジニア(CE)」が、新車種の仕様・グレードの体系を充実させたいと考えました。1つ下の価格のグレードであるスタンダード仕様のクルマに、4段トランスミッション(変速機)を設定しようと考えたのです。
> そこで、経理部門に4段トランスミッションと5段トランスミッションの原価の見積もりを依頼しました。CEは当然、4段トランスミッションのほうが、構造が簡単で歯

> 車の数も少ないため、5段トランスミッションよりも安いと考えていました。
> 　ところが、経理部門から4段トランスミッションの方が高いという見積もりがありました。CEは常識的に考えてこの原価はおかしいのではないかと思い、経理部門のスタッフと討論を始めました。
> 　経理部門のスタッフはこう説明しました。
> 「4段トランスミッションの原価は、変動費（材料費など）は低いのですが、生産台数が少ないため設備・金型・治具などの償却費が高いのです。従って、4段トランスミッションの原価の方が5段トランスミッションの原価よりも高くなります」

　このCEと経理部門のスタッフの主張はどちらが正しいでしょうか。
　経理部門のスタッフは**表7-15**にある「会計上の原価計算」で原価を見積もっています。このケースの原価の判断では、CEは新車種に4段トランスミッションを追加することを検討していますので、次のように検討すべきです。
「4段トランスミッションの設備・金型・治具などの償却費は既存の車種で負担しています。この設備・金型・治具などの償却費は新車種の4段トランスミッションで増加しません。新車種に採用してもらったほうが、生産総数が増え、設備・金型・治具などの償却費は減少し、会社としては得になります」
　会社としての損得の判断は会計上の原価計算ではなく、経済性検討によって行う必要があります。このような間違った原価の判断例は、実はトヨタ自動車の中でも結構あります。

[3] 設備投資の検討

　こちらも既に**第4章4.4**で例題4を交えて説明していますが、ここではさらに追加の事例を示します。自動化の設備投資の事例です。

> 　生産工程におけるある作業について、ロボットを導入して自動化すべきかどうかを判断します。
> A案：現在は部品を生産するのに5人が必要です。
> B案：ロボットを3台導入すると3人で生産できます。
> どちらの案が得でしょうか。

損得の比較のため、共通の固定費などは比較対象から省きます。案によって変化する原価項目のみを比較します。

表7-16の結果から、月当たりの費用はロボット3台を導入して自動化した方が得であると判断できます。

表7-16 自動化のコスト比較表（作成：筆者）

	労務費 円/月	設備投資の償却費（4年） 月（金利は0として）	稼働費 （エネルギー費・保全費他） 円/月	合計 円/月
A案	5人×40万円＝ 200万円	0円	10万円	210万円
B案 ロボット	3人×30万円＝ 90万円	600万円×3台 (4年×12)＝ 37.5万円	40万円	167.5万円

[4] 受注の損得の判断

基本的に売値が変動費分をカバーできている受注であれば、増収になり、利益が増大します。第4章4.4の例題3を参照してください。

[5] 販売の値引きなどの判断

第4章4.2の「生産量による原価の変動」を参照してください。

固定費を除き、売値から変動費を引いた利益を限界利益といいます。

限界利益 ＝ 売値 － 変動費

限界利益がゼロになるまで値引きは可能です。すなわち、売値は変動費の合計金額まで値引きはできますが、それでは固定費をカバーできないため、利益が減少するなどの弊害もあります。従って、値引きには総合的な経営判断が必要です。

[6] 外注品の値決め

仕入れ先からの見積書の原価明細は、通常の原価計算ではなく、値決め用の原価計算の方式で見積もる必要があります。既に説明したように、特に固定費の取り扱いには細心の注意が必要です。

また、購入価格の改定のルールも決めておく必要があります。次のようなルールです。

- 購入部品の購入価格での金型費・治具費などの償却の方法
- 為替変動、資材の市況の増減
- 原価低減の協力と配分方法

これらの[1]～[6]の項目は、いずれも企業の会計上の原価計算とは異なります。使い分けができるように携わる社員の教育・育成が必要です。

7.4　原価計画時の原価の見積もり方法

　部品の原価を見積もって何らの判断を行うのは、新製品の企画や部品の設計、外注先からの部品の購入価格の査定などの業務です。こうした業務は一般的な会計上の原価計算とは異なります。特に、固定費の取り扱いの方法が違います。

　例えば、ある部品会社から部品を購入するときの購入価格の査定では、部品会社は通常の原価計算で価格を提示するケースが多々あります。この原価の明細にある固定費は、基本的に購入側で負担する必要がありません。汎用設備・建屋の償却費は既にそれまでに他社または他の部品で償却されているため、購入側の価格査定では考慮不要です。また、固定費のうち、間接部門の人件費や費用も購入側は負担する必要はありません。

　このように、通常の業務では会計上の原価計算の原価(Full Cost)ではなく、原価企画・原価計画用の原価を使用することが大半です。そのため、これらの業務で使用する原価の見積もり方法のルールを定める必要があります。

7.4.1　原価企画・原価計画・原価低減での原価算出のルール例

　次のようなルールを決める必要があります。
(1)原材料は市況に多少変動があっても原価企画・原価計画・原価低減において一定の価格とする。
(2)生産に直結する人件費のみを考慮する。また、人件費は多少変動があっても「○○円／時間」のように一定とする(例：作業者の歩行1歩＝1秒＝1円など)。
(3)為替レートは多少変動があっても一定の価格とする。
(4)各種の固定費の取り扱いは以下の通り。
① 金型費・治具費は原価企画・原価計画上は商品のモデル期間(例：クルマの場合は4～5年など)
② 購入部品の購入価格についての償却費は、2年の間は金型費・治具費を含んだ購入価格とし、3年目以降の償却費はゼロとして(2年で償却を完了)、3年目以降は金型費・治具費を除いた購入価格に改定する。
(5)これらの業務に会社の会計データベースの原価を直接転用しない(これらの業務にはア

レンジが必要です)。

7.4.2　原価企画・原価計画時の原価の見積もり方法

原価企画・原価計画時の原価の見積もりには次の3つの方法があります。

(1)現在生産している製品の実績原価から見積もる
　内製品と購入品(部品、材料など)
(2)原価企画・原価計画用の原単位を用意する
　簡易計算できるコストテーブルなどを用意する
(3)企画者・設計者の求めに応じて原価のデータを提供する
　内製品の原価の見積もり：生産技術者
　購入品(部品・材料など)の原価の見積もり：購買部のスタッフ

　企業会計の原価と原価企画・原価計画時の原価とは計算方法が違います。必ず区分して原価を計算してください。原価の見積もりは、設計図と性能・品質の要求値に基づき、生産工程・生産設備・材料・加工工数・歩留まり・加工費などを検討して見積もります。
　原価の見積もりでは、加工方法を考慮して計算します。加工方法には大きく分けて5つの種類があります。各加工方法はさらに各種の加工に分類されます。
① 切削加工(旋盤加工・フライス加工など)
② 成形加工(板金加工・鋳造など)
③ 接合加工(溶接・接着など)
④ 特殊加工(レーザー加工・放電加工など)
⑤ 熱処理・表面処理(材料の特性を変える加工)

7.4.3　加工方法別の見積もり方法

　加工方法によって原価の見積もり方法も異なります。ここでは、加工方法別に見積もりの方法のサンプルを記します。

7.4.3.1　例1：樹脂成形品

　次のように見積もります。

(1) 見積もりの条件の決定
① 使用材料の決定
② 成形の方法(ここでは射出成形)
③ 1つの金型からの製品の取り数
④ 成形機の選定

(2) 原価見積もりの計算式(ステアリングカバー上側と下側)
[前提条件]
・6400個/月、アクリロニトリル・ブタジエン・スチレン(ABS)樹脂、製品質量(上側150g + 下側166g)

(3) 計算式
　計算式は**表7-17**に示します。

表7-17 例1：樹脂成形品のコストテーブル(作成：筆者)

費目	内訳（上側）		内訳（下側）	
材料費	150g×1.1×900円/kg (材料のロス分10%)	148.5円	166g×1.1×900円/kg (材料のロス分10%)	164.3円
成形加工費	80円/2個取り	40円	80円/2個取り	40円
その他の加工費1	シール	23円	シール	23円
その他の加工費2	組み付け	26円	組み付け	26円
製造原価(小計)		237.5円		253.3円
一般管販費	14%	33.3円		35.5円
金型費	1,000万円/(24カ月×6,400個/月)	65.1円	1,000万円/(24カ月×6,400個/月)	65.1円
合計		335.9円		353.9円

　このような原価計算は樹脂成型を心得たスタッフが計算できますが、設計者・関係者が簡単に推定できる**表7-18**のような「コストテーブル」を用意すると便利です。

表7-18 例1：射出成形加工費と金型投資額(作成：筆者)

成形機トン数	型投資額	成形加工費	適用部品
2,500トン	5,000万円	457円	バンパー
1,500トン	3,000万円	300円	インパネインサート
1,250トン	2,500万円	240円	グリル
1,000トン	2,000万円	180円	エンドパネル

7.4.3.2　例2：ゴム成形品

次のように見積もります。

(1) 見積もりの条件の決定
① 使用材料の決定
② 成形の方法(ここでは射出成形)
③ 1つの金型からの製品の取り数

(2) 原価見積もりの計算式(シフトレバーブーツ)
［前提条件］
・10000個／月、エチレンプロピレンゴム(EPDM)、製品重量(132g)

(3) 計算式
　計算式は**表7-19**に示します。

表7-19 例2：ゴム成形品のコストテーブル（作成：筆者）

費目	内訳（上側）	
材料費	132g/0.9×970円/kg 製品重量/歩留まり×材料単価	142.3円
配練加工費	132g/0.9×47円/kg 製品重量/歩留まり×材料単価	6.9円
材料準備費	132g/0.9×18円/kg 製品重量/歩留まり×材料単価	2.6円
成形加工費	4.5分×190／(2×2) 成形時間×賃金レート／(金型取り数×1人持ち台数)	213.8円
仕上げ加工	0.2分×190 加工×賃金レート	38円
	製造原価（小計）	403.6円
一般管販費	14%	56.5円
金型費	500万円×2面／(24カ月×10,000個/月)	41.7円
	合計	501.8円

7.4.3.3　例3：プレス部品

次のように見積もります。

(1) 見積もりのポイント

① 材料の質量の把握：展開長とつかみ代を把握する

② プレス機の型締め力(tfまたはN、トン数)と金型の工程数の把握

③ その他の加工：スポット溶接、表面処理など

④ 金型費：投資額、企画台数、車両1台当たりの使用個数

(順送型の場合は加工費は低くなるが、投資額は高くなる)

(2) 原価見積もりの計算式(プレス部品：ブラケットA)

［前提条件］

・12500個／月、熱間圧延鋼板SHP28C、製品質量(1034kg)

(3) 計算式

計算式は**表7-20**に示します。

表7-20 例3：プレス部品のコストテーブル(作成：筆者)

費目	内訳（上側）	
素材費	素材単価＝132円/kg（材料単価表より） 素材質量＝幅×長さ（展開長）×板厚×比重(7.78)＝2.19kg 素材単価×素材質量：132円/kg×2.19kg	289.1円
	スラップ代を減額：(2.19kg－1.156kg)×50円/kg (素材質量－製品質量)×スクラップ単価	－51.7円
プレス加工費	150トン単発　5工程×10円	50円
	製造原価(小計)	287.4円
一般管販費	14%	40.2円
金型費	700万円×5型／(24カ月×12,500個/月)	116.7円
	合計	444.3円

7.4.3.4　例4：機械加工部品

次の機械加工については、関係者が活用できるように原価早見表の作成を勧めます。

・旋盤加工、切削加工、正面フライス加工、エンドミル加工、ブローチ加工、研削加工、ボール盤・リーマ加工

［原価計算式］

原価 ＝ 機械加工原価 ＋ 管販費(機械加工原価の10～15%)[*5]

機械加工原価 ＝ 切削時間（分）× 加工費のレート／分

＊5　段取り時間は加工費のレートに含む。

［ある部品：機械加工の例］
機械加工費のレート　80円／分、切削時間　7.24分（**表7-21**）、管販費　14％

表7-21 例4：ある部品の機械加工の例（作成：筆者）

加工No.	切削工程	切削機械	時間（分）
1	両センター穴開け	ボール盤	0.20
2	外径荒削り	旋盤	0.18
3	仕上げ削り1	旋盤	0.15
4	仕上げ削り2	旋盤	0.23
5	溝削り	メタルソー	0.36
6			
7			
合計			7.24

機械加工原価：7.24分×80円／分＝579.2円
管販費：579.2円×0.14＝81.1円

機械加工原価 ＋ 管販費 ＝ ある部品の原価：660.3円

　このような原価計算のサポート体制として、トヨタ自動車の開発・設計部門には購買・経理部門の出身者で構成されている部署があります（**図7-8**）。この部署はCEや各設計部署の設計者の原価の教育と原価企画・原価計画をサポートしています。また、原価に関するITシステムも構築しています。

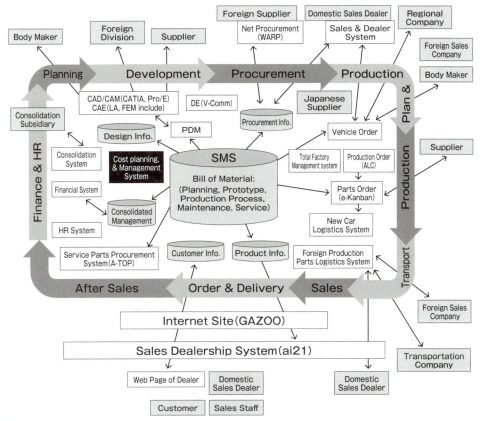

図7-8 ▶ トヨタの原価のサポートシステム（原価以外も含む）（出所：黒岩惠氏の資料）

7.5　購買の方針とサプライチェーンマネジメント（SCM）

　車両の原価のうち約70％は、仕入れ先からの資材・材料・部品で構成されています。すなわち、内製原価の割合は30％程度です。従って、仕入れ先とのさまざまな協力関係が重要であり、その関係を構築するためにトヨタ自動車は1939年に協力会を発足させました。当時の購買の方針は「共存、共栄」、そして「当社の仕入れ先と決定したら、当社の分工場と心得、他に変更しない原則（転注しない）とし、出来る限りその仕入れ先の成績をあげるように努力すること」でした。

　現在では**表7-22**のような購買方針を立て、仕入れ先との協力会を通して次の項目を仕入れ先に要望しています。

表7-22 購買方針の例(作成:筆者)

総括	80%操業でも採算のとれる企業体質の完成
原価	目標原価で生産するための組織的展開の定着 ①重点部品の原価目標の達成 ②VA活動の強化、省エネルギー・省資源の推進 ③ムダの徹底的排除 ④共通化・標準化・軽量化の推進
生産	台数変動に機敏に対応できる体制の確立
品質	新製品の立ち上がり品質確保
技術	時代を先取りした新製品・新技術の開発 ①軽量化・燃料経済性を重視した商品の開発、実現 ②オールトヨタの開発体制の見直し、相互能力の有効活用

7.5.1 仕入れ先への要望項目

① 新技術の開発・提案

② デザイン開発委託(承認図方式)

③ 図面完成度向上活動〔図面DR(設計審査)、PPC(Pre-Product Check:現量産車からの改善要望・提案)、過去トラブルの織り込み提案〕

④ 原価低減提案

⑤ 目標品質(性能、信頼性)評価

⑥ 生産準備推進体制(品質目標達成、日程順守の仕組み)

　工程FMEA(故障モード影響解析)、工程能力検証計画、フロアレイアウト計画

　検査基準・標準類作成、品質保証計画、量試(量産試作)移行検証

　工程監査、製品監査、マイルストーン管理

7.5.2 仕入れ先への支援

一方で、トヨタ自動車は仕入れ先に対して次のような支援を行います。

(1)トヨタ自動車の支援内容

① QC(品質管理)指導の企業展開〔QCサークル活動、TQM(総合的品質管理)など〕

② 受け入れ検査法→承認検査法(仕入れ先が作成)

③ 無検査受け入れ(受け入れ検査の廃止):品質は工程で造り込む

④ 不具合の再発防止の徹底

⑤ 製品・製造工程の監査の実施

⑥ 新製品立ち上げ管理の充実(トヨタ自動車との共同開発チーム編成)

(2)トヨタ生産方式(TPS)の導入(改善の自主研究会の開催)

① TPSの基本：JIT(Just In Time、ジャスト・イン・タイム)、自働化(Jidoka)[※6]

② 作業改善(タクトタイム生産、標準手持ち、標準作業)

③ 物流改善(かんばん方式、在庫削減)

④ 品質、安全、保全

⑤ ムダの削除・排除

⑥ 働きがいのある職場づくり

※6 自動化(Automation)ではなく、「ニンベン」の付いた「自働化」というトヨタ自動車の造語。自働化とは、機械に異常が生じたら自動で止まる(止める)ようにすること。これにより、不良品の発生を防ぐ。

(3)製品開発の開発段階から仕入れ先と共同開発

① Design In：承認図方式

② PPC(Pre-Product Check)：現量産車の改善要望・提案

③ QFD(Quality Function Deployment)：品質機能展開

④ FMEA(Failure Mode and Effects Analysis)：故障モードと影響度の解析

⑤ VA／VE(Value Analysis：価値分析／Value Engineering：価値工学)：原価改善

⑥ DFA／DFM(Design for Assembly／Design for Manufacture)

⑦ CE(Chief Engineer：チーフエンジニア)制度の導入

(4)新製品立ち上がり時の支援

① 立ち上がり初期の量と品質の確保(表7-23)

② 初品確認(主要部品は仕入れ先で確認を実施)

③ 量産試作時の立ち会い、対策会議への参加

④ 不具合発生時の対策支援

⑤ 初期流動管理(特別管理)体制：3カ月

表7-23 仕入れ先への支援における各項目の担当部署(作成：筆者)

項目	確認部署
納期・量	生産管理部
物流	物流管理部
品質	品質管理部

仕入れ先との協力・支援を通して共に活動し、**図7-9**のような成果を生み出します。

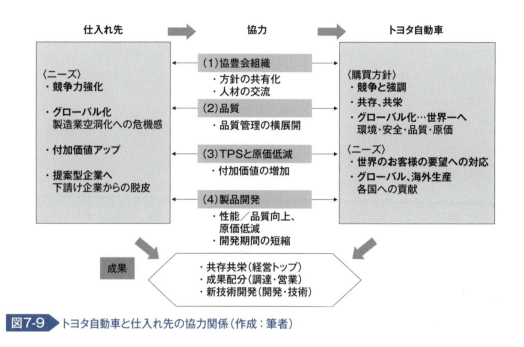

図7-9 トヨタ自動車と仕入れ先の協力関係（作成：筆者）

解答　7.2.2の演習：海外生産の原価計画

【問題1】表7-8の「CIM」を算出してください（小数点第3位まで、以下四捨五入）。

問題1の解答　演習：海外生産の原価計画（作成：筆者）

$$CIM = \frac{海外での製造原価}{日本での製造原価}$$

	構成部品	日本での製造原価	海外子会社への支給品価格（売値）	日本親会社の利益	海外での製造原価（国産化原価）	CIM
1	TY1	1,318	1,450	132	1,300	0.986
2	TY2	1,727	1,900	173	1,800	1.042
3	TY3	1,482	1,630	148	1,500	1.012
4	TY4	409	450	41	700	1.711
5	TY5	436	480	44	500	1.147
6	TY6	1,145	1,260	115	1,700	1.485
7	TY7	382	420	38	1,500	3.927
8	TY8	636	700	64	1,600	2.516
9	TY9	436	480	44	1,400	3.211
10	TY10	764	840	76	1,900	2.487
合計		8,736	9,610	874	13,900	1.591

【問題2】表7-9の「Landed JHP1」を算出してください。

問題2の解答 演習：海外生産の原価計画（作成：筆者）

	構成部品	日本での製造原価	海外子会社への支給品価格（売値）	支給品の輸入諸経費	Landed JHP1（日本支給部品）
1	TY1	1,318	1,450	200	1,650
2	TY2	1,727	1,900	300	2,200
3	TY3	1,482	1,630	350	1,980
4	TY4	409	450	100	550
5	TY5	436	480	400	880
6	TY6	1,145	1,260	500	1,760
7	TY7	382	420	900	1,320
8	TY8	636	700	400	1,100
9	TY9	436	480	400	880
10	TY10	764	840	700	1,540
合計		8,736	9,610	4,250	13,860

【問題3】問題2で算出したLanded JHP1を基に表7-10を完成させてください。

(1)「CIL」を算出してください（小数点第5位まで、以下四捨五入）。

(2) CILが良い（値が小さい）順に「CIL順位」を記入してください。

問題3の解答 演習：海外生産の原価計画（作成：筆者）

$$CIM = \frac{海外での製造原価}{日本支給部品のLanded価格}$$

	構成部品	Landed JHP1（日本支給部品）	海外での製造原価（国産化原価）	CIL（1）	CIL順位（2）
1	TY1	1,650	1,300	0.78788	3
2	TY2	2,200	1,800	0.81818	4
3	TY3	1,980	1,500	0.75758	2
4	TY4	550	700	1.27273	8
5	TY5	880	500	0.56818	1
6	TY6	1,760	1,700	0.96591	5
7	TY7	1,320	1,500	1.13636	6
8	TY8	1,100	1,600	1.45455	9
9	TY9	880	1,400	1.59091	10
10	TY10	1,540	1,900	1.23377	7
合計		13,860	13,900		

【問題4】問題3の結果を基に表7-11の(1)〜(4)を記入してください。

(1) 部品ごとの国産化率を算出してください（小数点第3位まで、以下四捨五入）。

(2) 部品の累計の国産化金額を算出してください。

(3) 部品の累計の国産化率を算出してください。

(4) 部品ごとに「国産化」か「日本支給」かを決定してください。

問題4の解答 ▶ 演習：海外生産の原価計画（作成：筆者）

CIL順位	構成部品	海外での製造原価（国産化原価）	CIL	部品ごとの国産化率(1)	部品の累計国産化金額(2)	部品の累計国産化率(3)	国産化の判断(4)
1	TY5	500	0.56818	3.597	500	3.597	国産化
2	TY3	1,500	0.75758	10.791	2,000	14.388	国産化
3	TY1	1,300	0.78788	9.353	3,300	23.741	国産化
4	TY2	1,800	0.81818	12.950	5,100	36.691	国産化
5	TY6	1,700	0.96591	12.230	6,800	48.921	国産化
6	TY7	1,500	1.13636	10.791	8,300	59.712	日本支給
7	TY10	1,900	1.23377	13.669	10,200	73.381	日本支給
8	TY4	700	1.27273	5.036	10,900	78.417	日本支給
9	TY8	1,600	1.45455	11.511	12,500	89.928	日本支給
10	TY9	1,400	1.59091	10.072	13,900	100.000	日本支給
合計		13,900					

【問題5】これまでの結果を基に「現地生産製品の総原価（LMTC）」を算出してください。

問題5の解答 ▶ 演習：海外生産の原価計画（作成：筆者）

〈解答 参考〉

CIL順位	CIL	構成部品	国産化の判断	判断後の原価	現地製造原価（全部品国産化）	日本支給部品 Landed JHP1
1	0.56818	TY5	国産化	500	**500**	880
2	0.75758	TY3	国産化	1,500	**1,500**	1,980
3	0.78788	TY1	国産化	1,300	**1,300**	1,650
4	0.81818	TY2	国産化	1,800	**1,800**	2,200
5	0.96591	TY6	国産化	1,700	**1,700**	1,760
6	1.13636	TY7	日本支給	1,320	1,500	**1,320**
7	1.23377	TY10	日本支給	1,540	1,900	**1,540**
8	1.27273	TY4	日本支給	550	700	**550**
9	1.45455	TY8	日本支給	1,100	1,600	**1,100**
10	1.59091	TY9	日本支給	880	1,400	**880**
			総原価（LMTC）	12,190	13,900	13,860

【問題6】これまでの結果を基に表7-13を完成させてください。

(1) 全部品を国産化した場合の現地の総原価を記入してください。

(2) 全部品を日本から支給した場合の現地の総原価を記入してください。

(3) 問題4で決定した国産化レベルの総原価を記入してください。

(4) 問題4の国産化レベルを1.00として、各ケースの原価の倍率を算出してください（小数点第2位まで、以下四捨五入）。

問題6の解答 ▶ 演習：海外生産の原価計画（作成：筆者）

ケース	総原価	原価の倍率
全部品国産化	(1) 13,900	(4) 1.14
全部品日本支給	(2) 13,860	(4) 1.14
問4の国産化レベル	(3) 12,190	1.00

〈解答 参考〉

	現地製造原価 （全部品国産化）	日本支給部品 Landed JHP1	国産化判断後の原価
TY5	**500**	880	500
TY3	**1,500**	1,980	1,500
TY1	**1,300**	1,650	1,300
TY2	**1,800**	2,200	1,800
TY6	**1,700**	1,760	1,700
TY7	1,500	**1,320**	1,320
TY10	1,900	**1,540**	1,540
TY4	700	**550**	550
TY8	1,600	**1,100**	1,100
TY9	1,400	**880**	880
合計	**13,900**	**13,860**	**12,190**

［全部品国産化］
13,900÷12,190＝約1.14

［全部品日本支給］
13,860÷12,190＝約1.14

【問題7】これまでの結果を基に(1)〜(3)を算出してください。解答の参考資料は次の表です。

(1) 日本支給品による日本親会社の利益を求めてください。

38＋76＋41＋64＋44＝263円　（答え）263円

(2) 現地での売値が13,000円の場合の現地子会社の利益を求めてください。

13,000－12,190＝810円　（答え）810円

(3) 日本親会社と現地子会社の合計の利益を求めてください。

263＋810＝1,073円　（答え）1,073円

問題7の解答 演習：海外生産の原価計画（参考資料）（作成：筆者）

CIL順位	構成部品	国産化の判断	日本での製造原価	海外子会社への支給品価格（売値）	日本親会社の利益	海外での製造原価（全部品国産化）	日本支給部品Landed JHP1	国産化判断後の原価
1	TY5	国産化	436	500	44	500	880	500
2	TY3	国産化	1,482	1,500	148	1,500	1,980	1,500
3	TY1	国産化	1,318	1,300	132	1,300	1,650	1,300
4	TY2	国産化	1,727	1,800	173	1,800	2,200	1,800
5	TY6	国産化	1,145	1,700	115	1,700	1,760	1,700
6	TY7	日本支給	382	1,500	38	1,500	1,320	1,320
7	TY10	日本支給	764	1,900	76	1,900	1,540	1,540
8	TY4	日本支給	409	700	41	700	550	550
9	TY8	日本支給	636	1,600	64	1,600	1,100	1,100
10	TY9	日本支給	764	1,400	44	1,400	880	880
合計			8,736	13,900	874	13,900	13,860	12,190

第8章

原価維持と原価低減
（量産開始前後）

原価維持と原価低減
(量産開始前後)

　チーフエンジニア(CE)が出した原価の目標値は、原価計画(開発設計)の段階で製品・部品を図面化するときに検討を始めます。そのため、量産開始前までに大半の新車種の開発で原価の目標値は達成されています。従って、量産段階前後には、この原価の目標値を維持または低減する活動を行います。本章では原価維持と原価低減について解説します。

8.1　工場の原価マネジメントの体制

　新製品の量産開始時には、原価企画・原価計画によって所定の原価が計画上、達成されています。原価マネジメントでは、新製品の量産が開始されると、所定の原価の実績を把握しながら所定の原価以下になるように原価の維持を行います。これを「原価維持」といいます。また、所定の原価をさらに下げる活動が「原価低減」です。

　工場の原価のマネジメントでは、図8-1のような体制を構築しています。
　工場長が原価マネジメントを遂行できるように、原価センターである「原価管理室」を設置しています。原価管理室は経理部の経験者によって構成されており、本社の原価会議を受けて、工場の原価目標値の設定、予算管理(原単位の設定)、工場の各従業員の原価教育、原価の実績の把握、原価低減の推進のフォローを担当します(図8-2)。
　工場長の下にいる各部長は部の原価会議を主催し、各課の原価実績と原価低減の管理を行います。同様に、各課長は課長の配下にいるグループリーダーの原価実績と原価低減の管理を行います。従って、原価管理と原価低減は実質的に各組長の手腕によります。各組長は5大任務(安全・5S・環境、品質、生産、原価、人材育成)を「見える化」して日常管理を日々行っており、この5大任務の1つが原価です。
　原価低減の推進の主体は各組長です。原価管理室は各組長が原価を改善できるようにサ

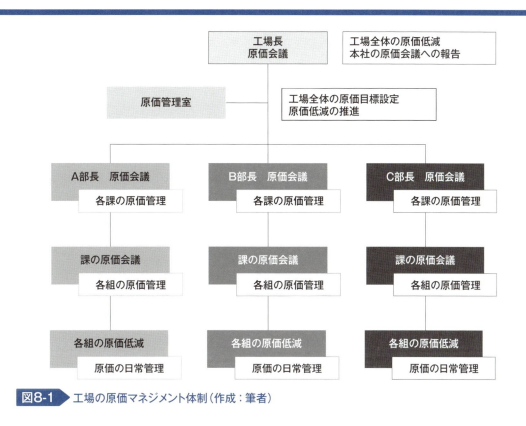

図8-1 工場の原価マネジメント体制（作成：筆者）

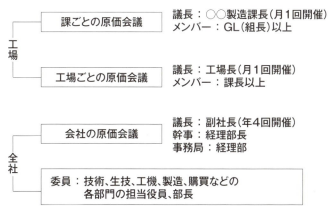

図8-2 工場の原価会議の編成例（作成：筆者）

ポートします。また、課長も知恵を出してグループリーダーをサポートします。日々の原価の実績把握も各組単位と各車種単位で把握できるように、原価の把握のシステムを構築しています。

図8-3は内製原価の内訳を示しています。これらの費目のうち、製造現場が特に管理する原価は右側に表示した「製造現場管理費目」になります。各組長が日々の5大任務の日常管理の中でこの費目の原価を低減し、原価の目標値を達成するように改善活動を行います。

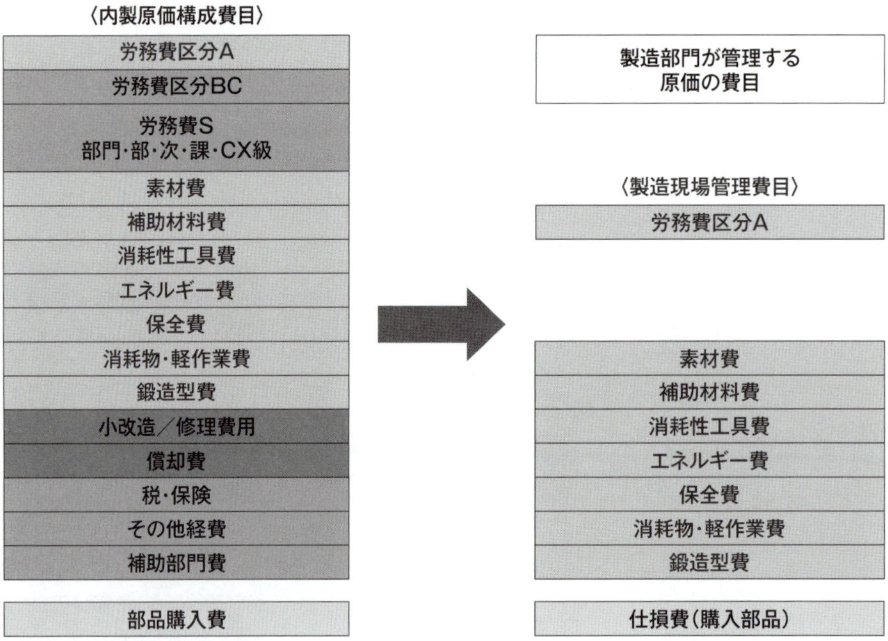

図8-3 内製原価の内訳（作成：筆者）

8.2　原価の実績の把握

　原価の実績の把握は原価低減できるように組ごとまたは車種ごとで把握しています。各組や各車種が直接負担する費用を「直課費用」と呼んでいます。直課できず、各組または各車種が分担する費用を「配賦費用」と呼んでいます。原価の実績を正確に把握するには、各費用をできる限り直課できるような工夫をします。すなわち、配賦する費用をできる限り少なくします。

　図8-4は工場総費用管理のフレームワーク（コストセンター）を示したものです。製品別の費用を把握するために、組ごとの費用はさらに細かくライン別（＝製品ごと）で把握しますが、この最小単位はコストセンターが決めています。

　各費目の区分（変動費／固定費、製品直課／配賦）は、システムを組み、コストセンターが決めた最小単位（CC）で実績を把握します。**図8-5**の通り、各費目の区分からコストセンターの単位まで費用を把握し、部品別・車種単位の原価を把握できるようにしています。

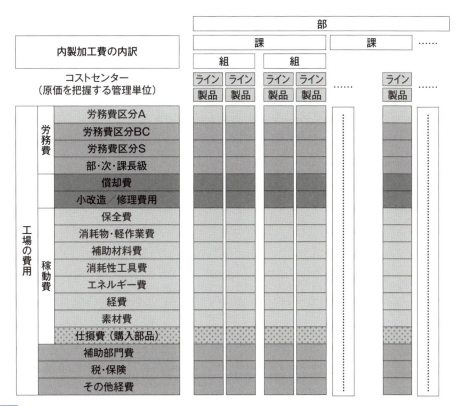

図8-4 工場総費用管理のフレームワーク（コストセンター）（作成：筆者）

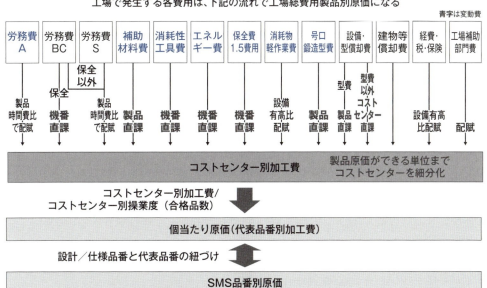

図8-5 各費目の区分とコストセンターの関係（作成：筆者）

8.3　原価維持：予算管理制度と原単位

　工場での原価維持は、まず量産開始前の原価企画の目標値を量産が始まっても維持すること、そして原価低減の達成後に原価が元の原価に戻らないようにすることです。せっかく原価を低減しても、元に戻ればそれまでの努力が報われません。原価を維持するために、「予算管理制度」と「原単位」での管理体制があります。

　予算管理制度では、一般に行われているように、費用の決算期ごとの予算を決めてその額以下になるように管理を行います。ここで当初の生産計画よりも生産数が増えると、変動費の総額は当然、予算をオーバーします。反対に、当初の生産計画よりも生産数が減少すると、変動費の総額は予算よりも少なくなります。

　その対策として、製品1台当たりの予算を決めています。これを「原単位」と称しています。

　表8-1は原単位管理表です。副資材である「シーリング材A」は300g/個が原単位です。1個当たりに使用する副資材と生産個数で予算を決めています。1直当たりの生産個数が120個なので、1直終了時の合計の予算は36,000gとなります。

　このケースでは実績は42,000gとなり、予算をオーバーしています。異常な使用量となるため、この異常の原因を調査し、改善策を立てて改善を実施して原価を低減します。

　このように、副資材である品目に対して原単位（予算）を設け、原価維持・原価低減を進めて管理します。

　決められた原単位は年々改善され、改定されます。数年の実績の予算をもとに最良の使用量を原単位として定めます。変動費の予算管理制度の運用では、この最良の使用量（原単位）を予算係数としています。

　表8-2は予算管理制度の運用方法の例です。この例では、まず過去最良の個当たり使用量（原単位）を予算係数としてN－2年の予算が設定されます。その年の原価の実績は黒色の折れ線で示した通り予算を下回り、平均線（点線）がN－2年度の実績値になります。この年度は予算よりも原価が改善されています。

　改善されたN－2年の実績値が次年度であるN－1年の予算になります。N年度は実績が予算をオーバーしていますが、その翌年N＋1年度の予算はN年度で達成できなかった予算を引き続き採用します。従って、予算額は常に下がるか、予算を達成できなかった場合は前年度並みになります。

表8-1 原単位管理表（作成：筆者）

原単位	管理表	基準		実績	判定	異常内容・原因
費目	品目	個当たり使用料 原単位（基準）	生産個数計画 120個/直	稼働終了後に使用量測定	○正常 ×異常	
副資材	シーリング材A	300g/個	36000g/直	42000g	×	使いすぎ 品質 設備 技能
	シーリング材B	100g/個	12000g/直	10000g	×	少ない
	潤滑油B	30g/直	30g/直	30g	○	
	潤滑油A	5g/直	5g/直	12g	×	使いすぎ 設備
	マスキングテープ	7.5cm/個	900cm/直	945cm	×	使いすぎ 技能
	接着剤	5g/個	600g/直	850g	×	使いすぎ 技能
消耗性軽作業	軍手	2双/直・人	2双/直・人	20双/10人	○	
	ガーゼ	60枚/直	60枚/直	62枚/直	×	使いすぎ 品質 設備 技能
	ウエス	4枚/直	4枚/直	5枚/直	×	使いすぎ 品質
エネルギー	照明	ON/OFF基準	遵守	遵守	○	
	在庫	適正な基準在庫	基準在庫	基準在庫範囲	○	
部品費	不良廃棄品	個数/直	0個/直	3個	×	目標外 品質
部品費・労務費	不良手直し	個数/直	3個/直以下	8個	×	目標外 設備 技能

表8-2 予算管理制度の運用方法（作成：筆者）

種類	内容	
固定費	・操業度（生産台数など）の変動を考慮しない ・年初、または期初に業務計画・前年、前期実績に基づき設定	設備予算（生技予算）
変動費	・操業度の変動を考慮（生産台数により増減する） 予算＝個当たり使用料×生産個数×単価 **予算係数** 過去最良の個当たり使用料（原単位）を予算係数とする N−2年：予算（点線＝実績）（予算＞実績） N−1年：予算（点線＝実績）（予算＞実績） N年：平均／予算（点線＝実績 実績が予算をオーバー）（予算＜実績） N+1年：この期の予算はN期の実績平均ではなく、引き続きN期の予算とする	労務費 補助材料費 工具費 素材費 工場維持費 （設備費・保全費等）

このようにして年々原価を低減させ、低減後にはその原価を維持する活動を行います。こうした活動が工場の「原価維持」と「原価低減」です（**図8-6**）。

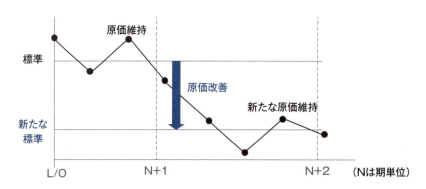

図8-6 原価維持と原価低減のイメージ（作成：筆者）

8.4　原価低減の方法

　原価低減は各グループリーダーが期ごとの目標を決めて実施します。各グループの日常管理では、**図8-7**のように、5大任務（安全・5S・環境、品質、生産、原価、人材育成）を見える化して運営しています。

　その5大任務のうち、原価の活動を「見える化」した一例を**図8-8**に示します。

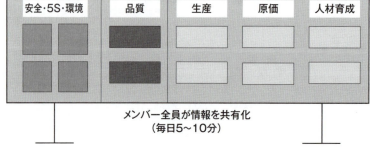

図8-7 5大任務の見える化（作成：筆者）

20XX年8月 機械課原価会議資料

1. 費目別改善状況

①直管費（素材、補助剤、工具、鋳造型、エネルギー）

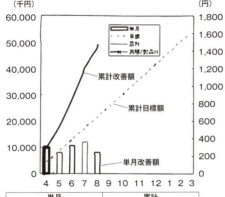

単月			累計		
目標額	改善額	達成率	目標額	改善額	達成率
4,370	8,128	186%	52,440	48,716	93%

基準達成率41.7%

②VA

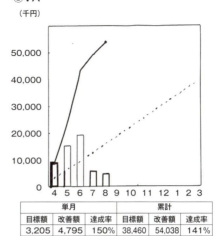

単月			累計		
目標額	改善額	達成率	目標額	改善額	達成率
3,205	4,795	150%	38,460	54,038	141%

基準達成率41.7%

③労務費

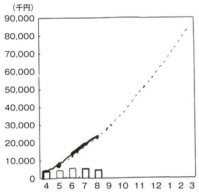

単月			累計		
目標額	改善額	達成率	目標額	改善額	達成率
4,985	4,657	93%	83,009	23,917	29%

基準達成率27.8%

④維持費

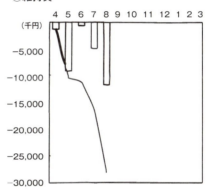

単月			累計		
目標額	改善額	達成率	目標額	改善額	達成率
0	−U825		0	−28,094	

⑤VE

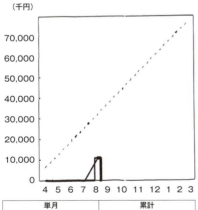

単月			累計		
目標額	改善額	達成率	目標額	改善額	達成率
6,410	10,824	169%	76,920	10,824	14%

基準達成率41.7%

⑥総計（直管費＋VA＋労務費＋維持費＋VE）

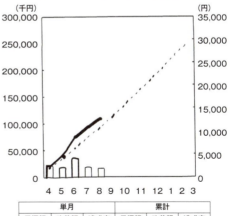

単月			累計		
目標額	改善額	達成率	目標額	改善額	達成率
18,970	16,563	87%	250,829	109,401	44%

基準達成率37.1%

図8-8 グループの原価低減活動（作成：筆者）

ここまで原価低減活動の最前線のグループリーダーを中心に説明してきましたが、工場として大きな原価改善は部単位・課単位で取り組みます。この課題は管理職・技術者・他の部署の協力を得て進めます。**図8-9**に示すステップで原価低減の活動方針と活動計画を立て、部・課単位に展開します。

工場の原価改善のステップ
(1) 問題点の把握：問題を明らかにする
(2) 改善目標の設定：職場・製品・費目ごとに原価低減の目標値を立てる
(3) 推進計画の立案：改善活動の計画と実行日程を立てる
(4) 現状の調査分析：月ごとに原価低減の目標値の達成度を確認する
(5) 改善案の立案：目標値未達の場合は改善活動を修正・追加する
(6) 対策の実施：追加・修正案を実行・フォローする
(7) 効果の確認：改善活動の効果を確認する
(8) 標準化・定着化：効果のあった原価低減方法を標準化し、定着させる

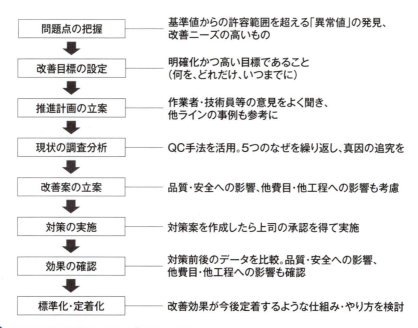

図8-9 工場の原価改善のステップ（作成：筆者）

8.4.1　工場の原価改善の方策

　原価マネジメント上で原価の予算（原単位）と原価目標を立て、原価維持と原価低減を行うこと以外に下記の方法〔主にトヨタ生産方式（TPS）を用いて〕で原価上の問題・課題を顕

在化します。その上で、改善の方策を立てます。

8.4.1.1 原価上の問題・課題の顕在化

原価上の問題・課題は次のように顕在化していきます。

(1) 工場のリードタイム分析

リードタイム分析は原価の上の問題を顕在化するのに有効であるため、**第9章**で詳しく説明します。

(2) ムダを明らかにする

サーブリッグ分析(人の作業動作分析)の方法や動作作業の経済性の検討を行います。

(3) 作業標準書・山積み表・工程編成率などによるムダの把握

本書では説明は省略します(一般のTPSの解説書に譲ります)。

(4) 見える化管理

5大任務の見える化管理：毎朝、仕事の開始前に見える化管理板でミーティングします(**図8-7、図8-8**)。その日の仕事終わりにも仕事の振り返りを行います。これにより、問題点や課題が顕在化します。

8.4.1.2 工場での原価低減項目

工場における原価低減の項目は以下の通りです。

(1) リードタイム(在庫)の低減
① 工程間在庫の改善
② 材料在庫の改善
③ 段取りの改善

(2) 段取り費の低減
① 段取りステップの改善
② 内段取りの改善

(3)生産ライン費用の低減
① 生産ラインの効率化
② 混合生産
③ セル生産
④ 加工工程の原価低減

(4)加工工数費の低減
① 生産管理(生産負荷など)
② 省人化・少人化改善
③ 多能工化
④ レイアウト変更

8.4.1.3　原価低減の方策

　原価低減の方策としては、基本的にはTPSの2本の柱であるジャスト・イン・タイムと自働化を適用・応用しながら原価改善を進めます。しかし、TPSだけでは不十分な項目や不足している項目、原価との関係性が分かりにくい項目などがあるため、原価低減時には次のような方策を採ります。

[1]リードタイムの低減、在庫の低減
　リードタイムの管理は会社の経営と工場運営の重要な指標です。会社の会計処理とは異なる点がありますが、リードタイムを短縮することが原価低減になります。この点については理解しにくいと思いますので、第9章で詳しく説明します。

[2]ボトルネック工程の把握
　生産ライン全体の生産能力を向上したい場合は、ボトルネック工程から改善します。

[3]加工工数の低減
　本章8.4.2.2の改善事例2で詳しく説明します。

[4]材料費の低減、歩留まり率の改善
　本章8.4.2.3の改善事例3で詳しく説明します。

[5]品質不良と不良廃棄の低減

　工場では品質の不良が出ると、多くの不良品を手直ししたり廃棄したりしています。特に手直し品は手直しの工数がかかる、手直しの不良が出やすいなどの問題があります。不良品を顕在化させないように、密かに廃棄するような部もあります。

　生産計画部署は不良を勘案し、本来の受注数に対して10%～15%程度増やした生産計画数を工場・購買部署などに出しています（この比率は会社によって異なります）。工場はこの水増しした生産計画数が受注数であると誤解したまま生産を行います。購買部署も水増しした生産計画数で外注部品や材料を調達します。

　このように、各部署で受注の数よりも多い生産計画で仕事を遂行しているため、品質不良がコストを増やしているのです。

　TPSでは自働化、すなわち「品質は各工程で造り込む」ことを基本としています。従って、品質の造り込みは製造部の仕事です。品質管理部門の仕事ではありません。製造部署が品質に責任を持つ必要があります。各々の工程で品質を造り込む「自工程完結」の方法が、現在ではベストな方法です。そこで、次のような品質改善の活動を行います。

・自工程完結型の品質保証
・先行改善(設計、設備の見直し)
・作業標準
・QC(品質管理)管理
・品質改善活動
・変化点管理
・朝市・夕市(「現地・現物」の対策)
・5WHY(なぜなぜ分析)
・品質の可視化管理
・品質の大部屋

　これらの活動は生産側の活動ですが、会社から流出した品質不良の情報および設計上の問題などによる品質クレームの情報は、販売店や修理部門から品質保証部に入ります。その原因対策(真因対策)は各担当部署が実施します。

　原価と同様に、品質は各部署の仕事の中で造られていきます。従って、品質管理部署は各部署の品質管理体制を指導・サポートすることが主な業務となります。

[6]設備投資額、稼働費の低減

　設備投資額と稼働費の低減については生産技術部門の領域になります。内製工程の原価

を決定づける重要な業務です。従って、この業務に携わる生産技術者やその管理者は、原価に対してプロフェッショナルでなければなりません。

会社のマネジメントはQCD（品質・コスト・納期）を追求することなので、設備に関する技術だけでは不十分です。開発・設計部門の図面・仕様書を基に工程設計・設備計画を進める際に、一連の工程が1つの会社であると想定し、この会社のQCDの目標を明確にして業務を展開することが重要です。こうした業務を「生産準備業務」と呼んでいます。各工程のQCDを見える化することができるのが「リードタイム分析」です（詳細は**第9章**で説明します）。

当然、工程設計・設備計画には多岐にわたる技術と経験が必要です。従って、その技術・ノウハウも習得しなければなりません。各社に稟議制度があり、工程設計・設備計画の業務は投資額などを算出することが中心になりがちですが、各ラインの工程が会社としての機能を満足させているかどうかを判断することが大切です。

[7] 工場内の物流費の低減

外注の物流会社に委託する物流費は明確ですが、工場内の物流費は会社の会計上の費目の分類だけでは顕在化できていません。工場の関係者は知らず知らずのうちに物流費が増大します。この工場内の物流（物と情報の流れ）を顕在化する方法が**リードタイム分析**です。このリードタイム分析を行った上で、工場内の物流計画を立てて、物流の仕組みを検討し、物流費を適切な値にする必要があります。

前工程が生産し、完成したら後工程に流す方法が一般的な物と情報の流れです。いわゆる押し込み生産・物流です。これに対し、TPSでは後工程が注文情報を出し、その情報に基づいて前工程から引き取る、もしくは前工程が生産する方法である**後工程引き取り**が基本です。「後工程がお客様」です。この考え方で工場内の物流（物と情報の流れ）をつくります。

[8] 原価の先行改善（開発・設計部署などへの原価低減の提案）

新製品の量産開始後、工場サイドや各部署から設計変更を伴う原価低減の提案が出ることが多々あります。設計変更を行うと、商品の安全性・性能・耐久性などの品質の確認が発生し、かえって多くの費用がかかる可能性があります。そこで、日常的に原価低減を行っている部署が、次の新製品の開発・設計段階で日ごろの原価低減の提案をまとめてフィードバックし、開発・設計部門と一緒に原価低減を実施します。

これを原価低減のPPC（Pre-Product Check：新車種への改善要望・提案）と呼んでいます。開発・設計段階だけではなく、生産準備部担当の生技技術部門へも原価低減の提案をまとめてフィードバックし、一緒に原価低減を行っています。こうした活動を筆者は**先行改善**

と称しています。**図8-10**は先行改善の概念を示しています。

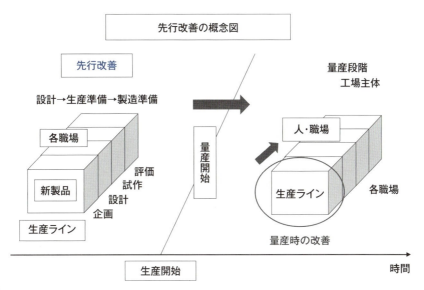

図8-10 先行改善の概念図（作成：筆者）

このように、開発・設計部門が原価低減を行うことはこれまで述べてきた原価企画と原価計画の業務の一貫ですが、工場サイドが参画する先行改善は大きな原価低減効果を生みます。

トヨタ自動車の先行改善の効果額は原価企画と原価計画の業務の改善額に含まれます。年度によって低減額は変動しますが、量産段階の改善額が約500億円、先行改善額（原価企画・原価計画の改善額）は5000億円になります（**図8-11**）。

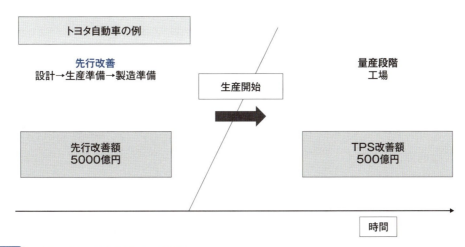

図8-11 先行改善の効果額（作成：筆者）

[9] 生産ラインの効率・稼働率・可動率(べきどうりつ)の向上

　生産ラインの生産性は、1つの生産性の指標では全体の生産性の評価が偏ります。そのため、各種の生産性の指標を評価し、総合的に把握して改善することで原価が下がります。各種の生産性に関する指標は各社で定義が違いますが、定義を決めて関係者が共通の認識を持つようにすることが大切です。各種の生産性に関する指標および設備保全(設備効率化)に関する代表的な指標(KPI)は次の通りです。

各種の生産性に関する指標
① 稼働率
② 可動率
③ 設備停止率
④ ライン停止率
⑤ ライン生産能力
⑥ 設備生産能力
⑦ 生産計画の達成率
⑧ タクトタイム稼働率
⑨ 工程編成率
⑩ 設備保全の指標

設備保全(設備効率化)に関する代表的な指標(KPI)

・設備総合効率(Overall Equipment Efficiency：OEE)

OEE＝(A)設備有効性(可動率)×(B)工程効率×(C)良品率

　これら3つの要素はそれぞれ次の計算式によって算出します。

(A)設備有効性(可動率)＝設備の実際の稼働時間/設備の電源ON時間

(B)工程効率＝生産数量×タクトタイム(サイクルタイム)/設備の実際の稼働時間

(C)良品率＝良品数/生産数量

　例えば、可動率90％、工程効率90％、良品率95％の場合、OEEの値は約77％となります。

・平均故障間隔(MTBF)

　MTBFとは平均故障間隔(Mean Time Between Failures)のことです。設備の故障間の平均時間であり、故障の間隔が長いほど、システムの信頼性が高くなります。

・平均修理時間(MTTR)

　MTTRとは平均修理時間(Mean Time To Repair/Recovery)のことです。

[10]生産ラインのレイアウト、セットする部品の配置、加工完了品の配置などの改善

　生産ラインのレイアウトは作業工数・物流効率・設備保全などに影響するため、原価にも影響を与えます。代表的な生産ラインは次の設備で構成されます。これらの設備を組み合わせ、作業工数・物流効率・設備保全を考慮して生産ラインのレイアウトを決めます。

・コンベヤーなどの連続的な工程の生産ライン：組み立てライン
・設備中心とした設備固定型の生産ライン
　金型・刃具・治具の交換方式：樹脂射出成形設備、プレス設備、機械加工
　金型・治具の無交換方式：専用設備(専用機械加工、専用溶接設備など)
　汎用設備：めっきライン、熱処理ラインなど
・自動化ライン(産業ロボットを含む)
・セルライン(セル生産)
・検査設備(測定、外観の検査の目視方式、自動検査)

　生産ラインのレイアウトでは、生産ラインの生産台数の変動があっても作業の工数が変動しないという観点から、自動化ゾーンと人が作業するゾーンとを分ける(ゾーニングする)と、生産変動があっても対応しやすくなります。

[11]工程・設備の多台持ちの改善

　1人の作業者が複数の工程・設備を担当して作業することを多台持ちと呼びます。この多台持ちを可能にするには作業者の教育と訓練が必須です。加えて、作業者の歩数を少なくする工程と設備のレイアウトといったレイアウト上の工夫を講じる必要もあります。

[12]生産設備・金型の段取り改善

　生産設備については、ある部品専用で生産することもありますが、投資額が大きいので、通常は多くの生産設備でいろいろな部品が生産できるようにしています。例えば、樹脂成形品では樹脂の射出成形機を使用しますが、樹脂用金型を交換しながら多くの種類の樹脂成形品を生産します。プレス部品であれば、プレス用金型を交換します。このように、金型を交換する時間(段取り時間)は設備が停止しているため、設備生産性は低下します。

　また、この段取り時間が長いと1度に生産する個数が大きくなり、次の工程との間で在庫が増えます。すると、リードタイムが長くなり、原価を押し上げることになります。

　このように、生産設備・金型の段取りの時間を短縮・改善することで原価低減ができるのです。

[13] 見える化管理

見える化管理には次のようなものがあります。

・生産計画と実績の進捗管理(1時間ごとの進捗)
・ペースメーカー(タクトタイム管理)
・アンドン(各工程・各設備の正常・異常の管理)
・工程間などの在庫数の管理
・5Mの変化点管理
・人員配置・出勤管理など

8.4.2 原価低減の改善事例

8.4.2.1 改善事例1：アルミホイールの原価改善

この事例は、原価低減の方策の[5]品質不良と不良廃棄の低減と[12]生産設備・金型の段取り改善に該当します。それでは、図8-12のアルミホイールの改善を見ていきましょう。

図8-12 改善事例1：改善対象のアルミホイール(作成：筆者)

アルミホイールの品質に問題があり、図8-13のように16%から20.5%の不良が発生しています。最大の問題点は、タイヤとアルミホイールを組み合わせた時に空気が漏れる品質不良(漏れ不良)が多発していることです。後工程に多くの迷惑をかけていますし、クレーム費が莫大になってコストアップになっています。

次は、段取りにおける現在の問題点です。ダイカストマシン(アルミニウム合金の溶湯を金型に高速・高圧で注入して鋳造する加工機)で各種のアルミホイールを鋳造型を交換し

ながら鋳造しています。鋳造型を交換することを「段取り」と呼んでいます。この段取り時間が大きければダイカストマシンの停止時間が増え、生産性が低下します。1度に大ロットで生産することになって中間在庫が増えます。そのため、段取り時間を短縮する必要があります。現在は**図8-13**の通り、175分から300分の段取り時間がかかっています。

この事例では、これら2つの問題の改善に取り組みました。すなわち、漏れ不良率と段取り時間の問題の改善です。

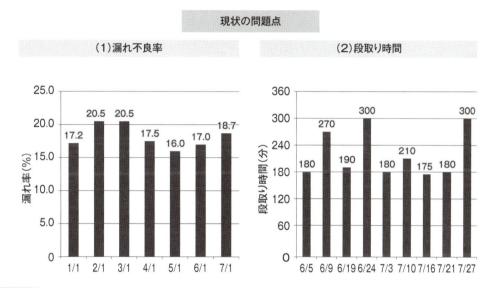

図8-13 改善事例1：現状の問題点（作成：筆者）

(1)品質改善の目標値の設定

まず、漏れ不良率について、12月までに現状の18%から5%に低減する目標を立てました（**図8-14**）。

品質不良のうち90%が発生しているのは**図8-15**で示した漏れ箇所であることが分かりました。そこで、この箇所を重点的に原因解析し、**図8-16**のような改善策を立てて実施しました。

これによって不良が激減し、当初の目標の5%を達成しました（**図8-17**）。ただし、まだ不良率が高いので、引き続き改善する必要があります。

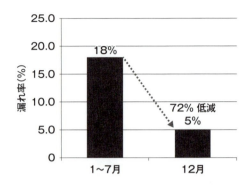

図8-14 改善事例1：漏れ不良率の低減目標（作成：筆者）

図8-15 改善事例1：漏れ箇所（作成：筆者）

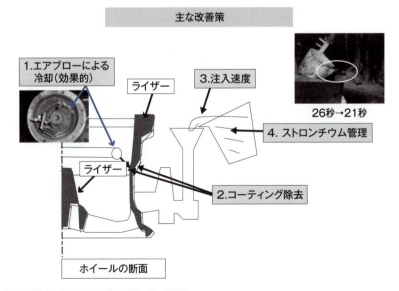

図8-16 改善事例1：漏れの改善策（作成：筆者）

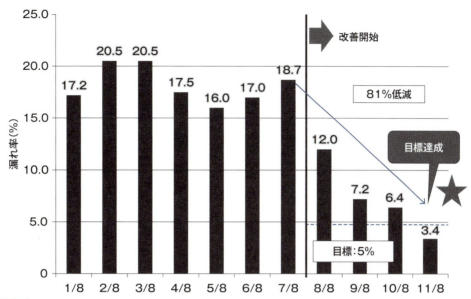

図8-17 改善事例1：改善後の漏れ不良率（作成：筆者）

(2)段取り時間に関する改善の目標値の設定

段取り時間の低減では、**図8-18**のように12月までに現在の最短の時間である175分から45分に低減する目標を立てました。

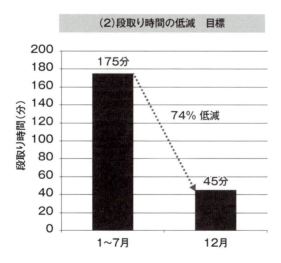

図8-18 改善事例1：段取りの時間の改善目標（作成：筆者）

段取りには2種類あります。1つは「外段取り」、もう1つは「内段取り」です。外段取りは、機械を停止しなくても段取りを準備できる段取りです。内段取りは、機械を停止しなけれ

ば準備できない段取りです。内段取りには金型交換などの作業のほかに、良品条件の調整にも時間がかかります。

段取り時間を短縮する方法は、まず内段取りの準備を、機械の稼働中に準備できるように外段取り化します。その上で、内段取りの時間を短縮する改善を進めます。

まず内段取りを外段取りに改善し（**図8-19**）、次に内段取り時間を改善しました（**図8-20**）。

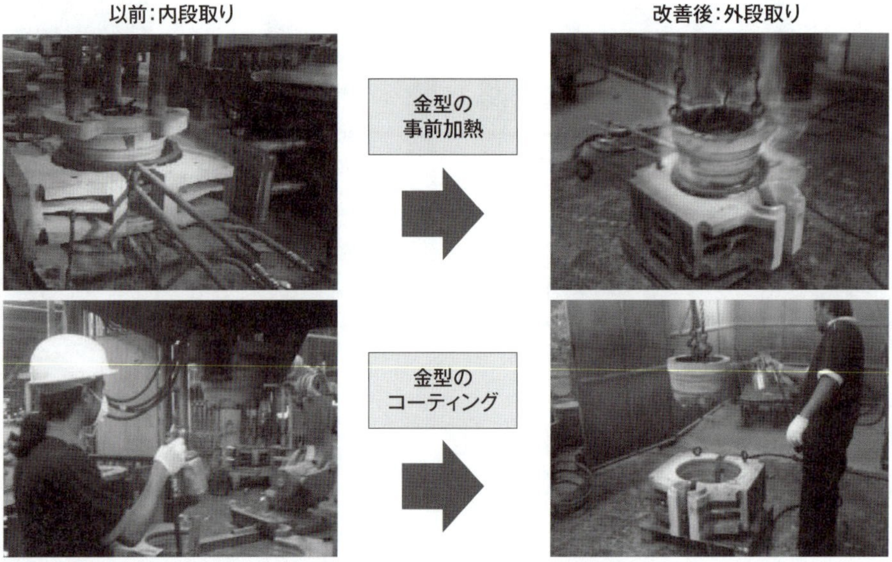

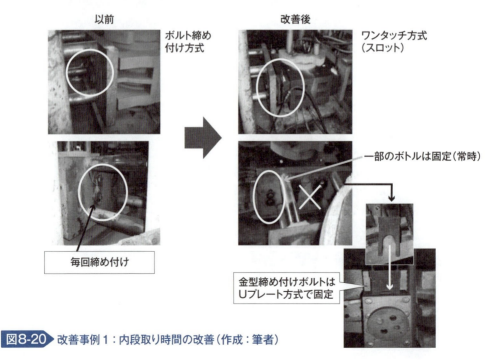

図8-19 改善事例1：内段取りから外段取りへ（作成：筆者）

図8-20 改善事例1：内段取り時間の改善（作成：筆者）

こうした改善を実行した結果、**図8-21**に示したように大幅な段取り時間の短縮ができ、段取り時間は56.3分になりました。ただし、当初の目標値だった45分は達成できなかったので、引き続き改善を行います。

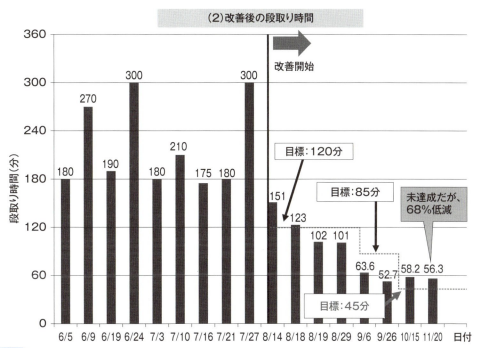

図8-21 改善事例1：改善後の段取り時間（作成：筆者）

8.4.2.2　改善事例2：加工工数の低減

　この事例は、原価低減の方策の[3]加工工数の低減に該当します。

　設備にセットする部品の配置は動作経済の原則に従って配置します。まず、作業者の両手で届く範囲（**図8-22**の丸で囲んだ範囲）が最適な部品の配置です。続いて、半歩で届く範囲、その次に一歩で届く範囲となります。1つひとつは時間的には1秒足らずの改善になりますが、1つの機械にセットする部品は多数あり、合計すると数秒から十数秒になります。

　また、部品の取りやすさも重要です。部品箱に入っている部品が作業者から見えるような部品箱の配置も大切となります（**図8-23**）。中が見えると、作業者は部品を持つ位置などが事前に把握でき、かつ部品を取りやすくなり作業がスムーズになります。

　設備間における加工途中の部品の運搬は、**図8-24**のようなシューターを設置すれば、作業時間を改善できます。

図8-22 改善事例2：加工する部品の配置（作成：筆者）

図8-23 改善事例2：部品箱の配置（作成：筆者）

図8-24 改善事例2：シューターによる改善（作成：筆者）

8.4.2.3　改善事例3：材料費の低減、歩留まり率の改善

この事例は、原価低減の方策の［4］材料費の低減、歩留まり率の改善に該当します。プレス部品の材料の歩留まりの改善、塗装工程の塗料の歩留まりの改善が代表的な改善例です。

(1)プレス部品の材料の歩留まりの改善

図8-25のような2種類の鋼板の部品があります。車種は違いますが、シートの構成部品で同じ機能の部品です。形状と板厚が違います。また、2つの部品は設計者が異なります。

・部品A（板厚が厚い）　板厚t=2.3mm、590g
・部品B（板厚が薄い）　板厚t=1.0mm、350g

部品A

部品B

図8-25 改善事例3：部品A・部品B（作成：筆者）

購入できる素材（板材）は定形材で10mm単位、最大縦500mm、横500mmとします（100円/kg、鉄の比重は7.8とする）。設計図面から展開形状を把握し、歩留まりや材料の原価を計算すると、結果は**表8-3**の通りです。

表8-3 改善事例3：プレス部品の材料歩留まりと原価（作成：筆者）

	1. 素材の材料の寸法	2. 素材の重量	3. 素材の価格/1個	4. 歩留まり
部品A 590g	420mm× 320mm	42×32×0.23×7.8 =2411.1g	2411.1g×0.1円/g =241.1円	590÷2411.1 =24.5%
部品B 350g	460mm× 290mm	46×29×0.1×7.8 =1040.5g	1040.5g×0.1円/g =104.1円	350÷1040.5 =33.6%

部品Aの材料の歩留まりは24.5%、部品Bの歩留まりは33.6%となります。材料の原価は部品Aが241.1円、部品Bが104.1円です。原価上、137円の差があります。設計者はこの違いに気づかずに設計をしてしまい、量産に入って生産技術部門と工場部門の原価低減の活動の中で判明した案件です。

もう量産に入っており、図面の変更やプレス用金型の変更はかえって原価的に高くなるため、次期の新車種ではこのような検討を設計段階で設計者・生産技術者・工場部門が協議し、歩留まりと材料の原価が低減できるようにします。

このような活動を「先行改善」と呼んでいます。設計段階で原価を低減できる機会が多く、かつ原価低減額も大きくなります。

この事例では定形の素材からの材料取りでしたが、さらに材料の歩留まりを上げるために、素材をコイル材に変更した場合の部品Aと部品Bの材料の歩留まりと原価を比較しましょう。

購入できる素材(板材)は10mm単位で、最大幅500mm、長さは30mとします。

表8-4の通り、部品Aの材料の歩留まりは54.6%、部品Bの歩留まりは68.1%となります。材料の原価は部品Aが108.1円、部品Bが51.4円です。原価の差は56.7円となります。コイル材を使用する場合は抜き金型が必要になりますが、歩留まりが向上し、材料の原価低減を期待できます。

表8-4 改善事例3：素材変更後のプレス部品の材料歩留まりと原価（作成：筆者）

	1. 素材の材料の寸法	2. 素材の重量	3. 素材の価格/1個	4. 歩留まり
部品A 590g	130×N 幅は460mm 30mコイル材から229個取れる	46×3000× 0.23×7.8 =247,572g	247,572×0.1円/g ÷229個 =108.1円	590×229÷ 247,572 =54.6%
部品B 350g	140×N 幅は470mm 30mコイル材から214個取れる	47×3000× 0.1×7.8 =109,980g	109,980×0.1円/g ÷214個 =51.4円	350×214÷ 109,980 =68.1%

(2)塗装工程の塗料費低減と塗着効率

塗装工程では、塗着効率を上げることが塗料費の原価低減と塗装の生産性向上につながります。塗着効率は次の式で表します。

塗着効率＝製品付着した塗料固形分／使用した塗料固形分×100

エアスプレー式の塗装機では、主に空気の力で塗料を微粒化し、微粒化した粒子を空気で車体に塗着（エアスプレー塗装）します。このため、車体から跳ね返った空気によって塗料の粒子が吹き飛ばされることにより、塗着効率は良くても60～70%程度となります。加えて、塗装する人によって塗着効率は30～60%と2倍近く違います。さらに、塗着効率を高めるために、エアレス静電塗装機の塗着効率は95%以上です。

このように塗着効率を上げることが、塗装においては原価低減になります。

リードタイム分析と改善事例

リードタイム分析と改善事例

　生産工場には、材料・外注部品の受け入れや、倉庫の搬入・搬出工程、各生産工程（各設備の工程＋人の作業工程）など多くのプロセスがあります。リードタイム分析では、これらのプロセスごとに生産指示の情報を含めて各種の分析を行います。また、各倉庫や各工程間の在庫を含めたリードタイムも明らかにします。品質・コスト・納期（QCD）に影響する問題点・課題を明確にした上で、改善計画を立案して改善活動を実施します。本章ではこうしたリードタイム分析と改善事例について解説します。

9.1　リードタイム分析の概要

　トヨタ生産方式（TPS）では原材料・工程間の仕掛かり品・外注部品・完成品の在庫を**ジャスト・イン・タイム（Just In Time）** という考え方で極限までそぎ落としています。

　工程の前後や設備の前後に在庫があると、少々設備が停止しても前後の工程や設備はその影響を受けません。すなわち、当該設備の停止という問題が顕在化することはありません。ここで、前後の在庫をゼロまたは最小限にすると、当該設備が停止したら前後の工程はもちろん生産ライン全体が停止します。こうすれば、当該設備の設備停止が顕在化します。こうして問題を顕在化した上で改善を行うのです。

　工場には多くの生産ラインや設備、倉庫、材料の在庫、部品の在庫などがあり、一見しただけでは問題が分かりにくいものです。そこで、**リードタイム分析**で原価上の問題点を明らかにします[*1, *2]。

*1　トヨタ自動車では物と情報の流れ図でリードタイムを分析しているが、「かんばん」を用いることを前提としているため、一般の企業には適用しにくい。

*2　TPSの米国版であるLean ProductionではVSM（Value Stream Mapping）を用いている。

筆者が推奨する方法は、工場の分析をする際に豊田エンジニアリング(TEC)が用いるリードタイム分析です。リードタイム分析から、次のようなことが分かります。
・物と情報の流れ
・工場全体の付加価値率
・ボトルネック工程の把握(生産ライン全体の生産能力を向上したい場合はボトルネック工程から改善する)
・工程間の滞留している在庫の把握
・整流化(流れ化)の状態
・付加価値の有無の把握
・各工程の原価の把握
・工程ごとの発生する原価
・工程ごとの品質の造り込み(自工程完結)

リードタイム分析
(1)注文から納品までのリードタイム
・注文から顧客が商品を受け取るまでの時間
(2)開発リードタイム
・製品の企画・開発から製品化されるまでの期間
(3)調達リードタイム
・製品の製造に必要な原材料・部品を調達する期間
(4)生産リードタイム
・原材料・部品の納入から製品を製造するまでの期間、または、受注から出荷までの時間
(5)配送リードタイム
・出荷からユーザーの手元に製品が届くまでの期間

9.1.1　工場の生産リードタイム

　ここからは、工場のリードタイムである(4)生産リードタイムに重点を置いて説明します。
　表9-1は、ある工場におけるリードタイム分析の表の実例です。多層の電子基板を生産する工場で、工程数は30です。

表9-1 ある工場のリードタイム分析・横軸：工程（作成：筆者）

×××工業(株)コストセンター			工程No	原材料	物流	前在庫	工程1	在庫(工程間)	工程2	在庫(工程間)	工程3	在庫(工程間)	工程4	在庫(工程間)	工程5
	調査項目	補足	工程名				銅張積層板(材料研磨・ドライフィルム貼り付け)		ドライフィルム貼り付け		フィルム露光		現像		エッチング
	×××工業(株)コストセンター						3471 多層生産 露光		3471 多層生産 露光		3471 多層生産 露光		3472 多層生産 内エッチ		3471 多層生産 内エッチ
	コストセンター直接員人数						0		←		←		0		←
A)工程	分析の項目														
	1 製品群に分ける	製品数量の多い代表製品													
	2 工程フローの作成（製品群ごと）														
	3 リードタイム（または数量）タクトタイム														
	4 工程 加工内容														
	5 生産能力・ボトルネックの表示														

まず、表の最上段の横軸に工程1～30までの30工程を記入し、工程と工程の間に工程間在庫（仕掛かり品）の欄を設けます。また、工程1の前には原材料の欄も設けます。そして、次のように横軸に工場全体のプロセスを記入していきます。

原材料→物流→工程1の前の在庫→工程1→1と2の在庫（仕掛かり品）→工程2→2と3の在庫（仕掛かり品）→工程3→…

縦軸の欄では、**表9-2**に示す項目の現状調査と各項目の分析を行います。

このような縦軸と横軸を組み合わせたリードタイム分析の表を使って工場全体を分析することで、現状の問題点・課題などを顕在化できます。

表9-3はリードタイム分析の結果の一例です。「A) 工程」の「5 生産能力・ボトルネックの表示」の項目（A-5）を見ると、表の青色の太枠で囲んだ工程15、工程16-2、工程17で設備稼働率（設備負荷率）が1.0を超えています。特に工程16-2がボトルネックなので、勤務体制を2直にするか、設備の能力を改善する必要があります。

また、各工程の原価は**表9-2**の「F) 原価関係」で問題がないか確認します。工程ごとに発生する費用が明確になり、原価低減が可能になります。

このように、TEC式のリードタイム分析は原価低減に直結する分析ができ、原価低減の改善を進めることができます。

それでは、本題のリードタイムの説明に入りましょう。

表9-2 ある工場のリードタイム分析・縦軸：分析項目（作成：筆者）

	分析の項目		
A) 工程	1 製品群に分ける		
	2 工程フローの作成（製品群等）		
	3 リードタイム（または数量）タクトタイム		
	4 工程 加工内容		
	5 生産能力・ボトルネックの表示		
B) 生産管理	1 生産計画作成		
	2 生産と物流の指示方法 生産指示書		
	3 生産実績／計画		
C) 日常管理	1 見える化管理		
	2 人の生産性（ムダ）		
	3 改善活動		
	4 5大任務		
	5 人員管理板と各工程の作業標準書		
	6 活性化活動・改善活動		
D) 品質管理	1 自工程完結		
	2 不良検出の能力		
	3 不良率		
	4 ライン内手直し		
	5 ライン外手直し		
	6 廃棄量、金額、率		
	7 品質管理・品質改善活動		

E) 設備	1 可視化管理	F) 原価関係	原価の把握（毎日把握が原則）
	2 設備能力（時間、日当たりの生産能力）		原価改善活動
	3 サイクルタイム タクトタイム		**変動費**
	4 設備稼働率（設備負荷率）		・素材費
	5 総合可動率（小停止・待ちを含む）		・購入部品費
	6 TPM		・委託生産費
	7 自主保全		・仕損費・値引き費
	8 ボトルネック（1から3番まで）		・補助材料費
	9 設備の改善活動		・消耗性工具費
	10 段取り時間（SMED）外段取り 内段取り		・エネルギー費
			・輸送費
	内段取り（調整）		・販売奨励金
	合計段取り時間		・無償修理費
	11 使用設備		**固定費**
			・労務費
			・減価償却費
			・特定経費
			・補助部門費
			・研究開発費
			・一般管理・販売費
			・広告宣伝費

表9-3 リードタイム分析結果の一例（抜粋）（作成：筆者）

		前在庫・物流	工程15	在庫(工程間)	工程16	在庫(工程間)	工程16-2	在庫(工程間)	工程17	在庫(工程間)	工程18	在庫(工程間)	工程19	在庫(工程間)	工程20	在庫(工程間)
A-4	加工内容1		スルーホール穴開け		デスミア		オシレーション研磨 ※工程17後でも使用		パネルめっき		ドライフィルム貼り付け		露光		現像（現像-剥離）	
	加工内容2		3312 基板生産 スルーホールアナ		3315 基板生産 銅めっき		3315 基板生産 銅めっき		3315 基板生産 銅めっき		3316 基板生産 回路印焼		3317 基板生産 回路印焼		3325 基板生産 現像-剥離	
	作業員		男1		男1		←				パート アルバイト2番				アルバイト 1番	
E-2	設備能力		17枚/h / 136枚/8h / 136枚/8h		52/h / 548/8h / 398/6h		130/h / 1180/8h / 1180/8h		0枚/h / 305枚/9h / 305枚/9h		182/h / 1582/8h / 982/5h		39枚/h / 599枚/15h / 599枚/15h		86枚/h / 926/8h / 686/6h	
E-3	サイクルタイム		3.5		42		8		205		5.3		1.5		16.8	
A-3	タクトタイム		1.3		1.6		0.6		1.3		1.6		1.6		1.3	
A-5	設備稼働率(設備負荷率)		1.1		0.55		1.58		1.33		0.24		0.97		0.41	
	使用設備		穴開け機×3台（2軸、5軸、6軸）		デスミアライン		オシレーション研磨機		パネルめっきライン		ドライフィルムラミネーター		ダイレクトイメージャー 手動露光機		DESライン Developing Etching Stripping（現像-エッチング-剥離）	

9.2 リードタイムとは

工場部門に限定すると、リードタイムとは「生産リードタイム」を意味します。

リードタイムとは、顧客から受注し、材料の発注・生産・検査・梱包を経て出荷するまでの時間(日数)です。付加価値のある加工時間のリードタイムは短く、リードタイムのほとんどは付加価値のない停滞時間(在庫＋運搬)となっています。

リードタイム＝工場全体の在庫数×生産タクトタイム
工場全体の在庫数(加工工程も含む)＝リードタイム／生産タクトタイム

これを図で表現すると、**図9-1**に示したグラフとなります。

リードタイムの大きさは在庫数と比例関係にあります。在庫が増えれば、当然原価も増大します(**図9-2**)。

従って、原価とリードタイムの関係は**図9-3**のグラフとなります。リードタイムは原価と密接に結びついており、比例関係にあります。

ここで、工場のリードタイムのモデルを示したのが**図9-4**です。

リードタイムの時間的な数値については、原材料の入荷から出荷までのリードタイムは時間(日数)で計測します。この中で、付加価値を生んでいる時間は加工を行っている時間です。それ以外の在庫・運搬などは付加価値を生んでおらず、むしろ費用を増大させます

工場の**付加価値率**は次の式で表すことができます。

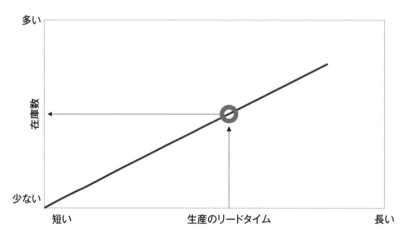

図9-1 在庫とリードタイムの関係(作成：筆者)

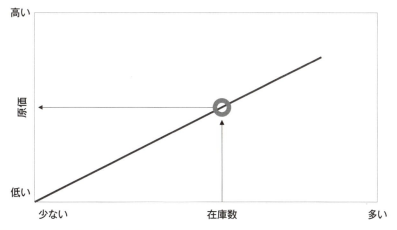

図9-2 原価と在庫数の関係（作成：筆者）

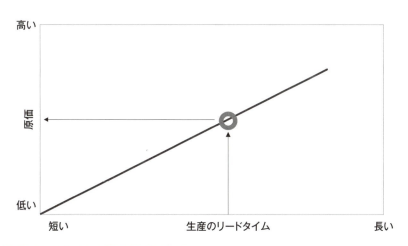

図9-3 原価とリードタイムの関係（作成：筆者）

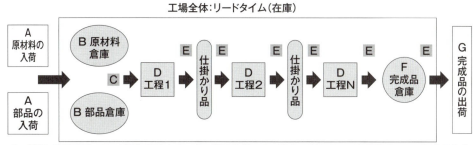

A＝材料・部品調達　B＝材料・部品在庫　C＝供給物流　D＝生産工程　E＝工程間物流　F＝完成品在庫　G＝製品出荷物流

図9-4 工場のリードタイムのモデル（作成：筆者）

工場の付加価値率＝加工時間の合計／全リードタイム

実際の工場の付加価値率は非常に低いというのが実態です。では、A社のリードタイムをこの式で計算してみましょう。

加工工程の合計＝3時間
全リードタイム＝30日×10時間（1日の稼働時間を10時間としています）
工場の付加価値率＝3時間／(30日×10時間)＝0.01

よって、A社の工場の付加価値率は1％となります。これは特殊な例ではなく、現実にはほとんどの会社がこの程度です。もっと低い会社もたくさんあります。逆に考えると、99％は改善の余地があるということです。改善すればコストの低減ができることになります。

9.2.1 リードタイムと原価低減

では、リードタイム分析を原価の観点から見ていきましょう。

企業の財務会計では在庫は資産と計上されますが、実は図9-2に示した通り原価は工場の中の在庫数に比例して増加していきます。

筆者は、このことを理解してもらうために次の式を使用しています。

年間の経費(原価)＝劣化係数(0.3〜0.5)×工場全体の在庫の評価額

工場には在庫があるだけで原価が増えることになります。ここで、劣化係数の「0.3〜0.5」は筆者の体験からきた値です。商品の寿命が長い場合は劣化係数が0.3、モデルライフが短い商品(例えば携帯電話やパソコンなど)は劣化係数が0.5程度です。

例えば、中国の携帯電話を造る工場の場合、新規モデルの生産は1回から2回で終了します。すなわち、生産のモデルライフは1〜2カ月と非常に短いため、劣化係数の値は0.5よりもさらに大きくなります。

なぜこのように在庫を持つことが原価を押し上げるのでしょうか。

工場を運営すると、倉庫・工程間の仕掛かり品、工程内の加工品、完成品の在庫が発生し、これらの在庫が次のようにさまざまな費用を発生させます(表9-4)。

① 材料、部品などの生産に関するコスト
② 工程間の物流に関するコスト

③ 製品出荷に関するコスト
④ 生産工場における共通コスト

こうした費用が発生するため、在庫を持つと原価が増大するというわけです。この点を踏まえて、劣化係数(0.3～0.5)を採用するのです。

先述の通り、企業の財務会計では在庫は資産であり、発生する各費用は一応、費用・科目で計上されます。しかし、会社の関係者にとって、この費用の計上はさまざまな費目・科目に分散していて非常に分かりにくくなっています。

そこで、先ほどの年間の経費（原価）の式を使えば、原材料・副資材・購入部品の在庫、仕掛かり品の在庫、製品の在庫など、在庫がさまざまな経費を発生させて、原価を押し上げていることが明確になります。

表9-4　生産工場のコスト一覧（作成：筆者）

工程	管理項目	×劣化係数	費目・科目
A 材料、部品調達	倉庫		原価償却費
B 材料、部品在庫	場所代		土地（未償却資産）
	棚代		原価償却費～経費
	パレット		原価償却費～経費
C 供給物流	容器		経費
	梱包材料		経費（変動費）
	フォークリフト		原価償却費
	トラック		原価償却費
	運搬費		輸送費（変動費）
D 生産工程	場所代		土地（未償却、資産）
	棚代		原価償却費～経費
	フォークリフト		原価償却費
	運搬費		輸送費（変動費）
	各工程間の運搬		輸送費（変動費）

工程	管理項目	×劣化係数	費目・科目
E 工程間物流	倉庫		原価償却費
	場所代		土地（未償却、資産）
	棚代		原価償却費～経費
F 完成品在庫	パレット		原価償却費～経費
	梱包材料		経費（変動費）
	フォークリフト		原価償却費
	トラック		原価償却費
	運搬費		輸送費（変動費）

工程	管理項目	×劣化係数	費目・科目
G 製品出荷物流	パレット		原価償却費～経費
	容器		経費
	梱包材料		経費（変動費）
	フォークリフト		原価償却費
	トラック		原価償却費
	運搬費		輸送費（変動費）

共通費用		コスト（経費）
工場共通費用	・材料、部品（流動資産） ・仕掛かり品 ・製品	劣化、錆、キズなど
		支払利息
		設計変更
		陳腐化
		品質不良

トヨタ生産方式（TPS）では徹底的に在庫を減らします。そのための考え方がジャスト・イン・タイム（Just In Time）で、これを実現する方法が後工程引き取りや、かんばん、多回供給（運搬）、工程間の手持ち数の規定などです。

在庫を減らすと原価が下がります。

加えて、生産ラインが抱えている潜在的な問題を見つけやすくなります。各工程において、その前後の在庫をゼロまたは最小にして管理します。すると、ある工程（設備）が停止したとき、その前後の工程は影響を受けやすくなります。生産ライン全体の可動率も落ちます。TPSはこれを狙っています。生産ライン全体が影響を受けることで、ある工程に潜在的に存在する問題を顕在化でき、管理・監督者は問題を認識できるのです。こうして問題を認

識した上で、改善を実行に移します。すなち、問題を顕在化するためには、工程間の在庫は最小限にすべきであるというのが、TPSの考え方なのです。

もちろん、会社の財務会計上もメリットが出てきます。在庫が減少した分は現金化され、キャッシュフローに余裕が生まれます。会社の資金の回転率も良くなります。

リードタイムが長くなる要因と発生する不具合は次の通りです。

リードタイムが長くなる要因と発生する不具合

(1) 心配・安心のために在庫量を多めに持つ
・運搬工数の増大、リフトなど運搬具の増加、置き場スペースの増大、パレット数の増加、錆などの材料不良の発生
(2) 設備故障によるラインストップが多いため、在庫を増やす
・ラインオフ遅れ、設備の故障や修理工数の増加
(3) 品質不良による再生産・水増し生産計画
・ラインストップの増加、手直し工数の増大、手直しスペースの増大
(4) 工場のレイアウトが悪いため、工程が複雑になって在庫が増大し、工程人員が増加する

リードタイムを短縮するための改善のステップは次の通りです。

リードタイム短縮への改善のステップ

(1) 「リードタイム分析図」を描き、現状把握をする
・物と情報の流れなどを把握し、リードタイム分析図に描く。
(2) 現状の問題点(課題)を洗い出す
・リードタイム分析図から、どこに、どのような問題(課題)があるかを明確にする。
(3) 現状の問題について改善の方向性および改善案を考える
・問題(課題)をどのような方向に改善するかについて骨太案を考え、具体的な改善案を検討する。
・改善実施には次に示すTPSの改善手法の活用を利用する。

TPSの改善手法

まず、物の停滞はなぜ発生するのか(なぜ生産が粛々と留まることなく進まないのか)に着目します。その上で、(1)生産の流れができているか、滞留していないか、(2)造り(生産)の仕組みに悪さはないか、(3)物流の悪さはないか——という視点で改善を進めていきます。

(1)生産の流れができているか、滞留していないか
① 生産の流れはできているか(工程別になってないか)
・工程順の機械配置になっているか
② 工程(生産)の同期化、整流化はできているか

(2)造り(生産)の仕組みに悪さはないか
③ 大ロット生産になっていないか
④ 段替え時間は長すぎないか
⑤ 押し込み生産になっていないか、後工程引き取りになっているか
⑥ 多能工化は進んでいるか
⑦ 工程間(作業者間を含む)の作業バランス(生産能力)は取れているか
⑧ 工程内／工程間に余剰仕掛かり品(在庫)はないか、先入れ・先出しはできているか
⑨ ものの置き場は決めてあるか、分かりやすいか
⑩ 生産指示を早出ししてないか
・単位・場所は適切か、生産情報の整合性は良いか
⑪ 生産計画・進捗が現場で誰でも分かるようになっているか

(3)物流の悪さはないか
⑫ 大ロット運搬をしてないか
⑬ 運搬情報は分かりやすいか
・何を、いつ、何個運ぶ、どこにあるかは、明確か

9.3　原価改善の事例

ここからは原価改善を進めてうまくいった会社の事例を紹介します。

9.3.1　事例1：発砲コンクリートのパネルを生産する会社

この事例は、発砲コンクリート(ALC)のパネルの製造会社の事例です。
ALCはAutoclaved Lightweight aerated Concrete (高温高圧蒸気養生された軽量気泡コンクリート)の頭文字を取って名付けられた建材で、住宅や事務所、ビルの外壁パネルに使用されています。このパネルは建設現場に設置する日の朝に出荷されます。主な原材料は、

珪石や生石灰、セメント、アルミニウム合金粉末などです。この製品の工程を**図9-5**に示します。

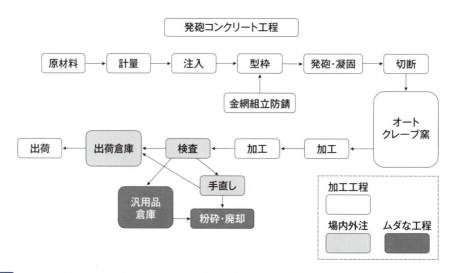

図9-5 原価改善の事例1：発砲コンクリートの製造工程（作成：筆者）

長年、この会社は毎年約1億円の赤字を続けており、銀行から収支の改善ができないようであればこれ以上の融資はできないと通告されました。この後、筆者はこの会社の赤字を黒字にするように指導してほしいと依頼されました。この会社の社長は、「社長として会社方針を立てて部下に10％の原価低減を指示している。しかし、部下は原価低減をしない。けしからん」と怒っていました。

筆者はまず、工場の調査を始めました。原材料の入荷からパネルの出荷までのリードタイムの分析を行いました。なお、生産ラインでの生産完了後の製品検査と不良品の修正については、工場の中の場内外注になっていました。

その結果、工場のGBM（グローバルベンチマーク）評価の点数は5点満点で1.15点でした（GBMについては**第11章**で詳述）。

9.3.1.1 問題点

ここで、次の問題点が判明しました。
(1) 人と職場のマンネリ化
(2) 生産計画によるロス
(3) リフトの台数

(4) 品質不良

(5) 設備故障

(6) 原価教育は皆無

　利益が出るようにするため、**表9-5**のような改善計画を立てました。これらの問題に取り組むには、問題に取り組むことが重要だという意識に変えることと、直接的な生産の仕事以外にも取り組むように変える必要があります。

表9-5 原価改善の事例1：改善計画（作成：筆者）

改善すべき項目	その内容、進め方
(1) 全員参加の原価低減活動の創設	1. 原価低減活動を組織し、全工場の全員参加の活動とする 2. 原価改善の大部屋方式で管理・運営する 3. 活動方針、目標、実績などの見える化 4. 改善活動で、人と職場の活性化を図る 　→プラス思考で、原価低減する人と職場をつくる
(2) 各組織ごとの目標と活動の明確化	1. 技術部＝コスト全般（特に材料費、歩留まり率、種類……） 2. 生産技術部＝設備稼働費、寄せ止め、設備の共用化、工程間の在庫低減、工程間の配置の改善、多種少量生産への対応策、設備の改良・開発 3. 生産部＝5Sの向上、材加不の低減、不良率の低減、歩留まりの低減、レイアウト変更 　設備保全の改善、各材料費の低減（原単位の低減） 　生産ライン稼働の工夫（昼夜の稼働……原動力費の低減） 　各工程間の在庫の低減（50％以上） 　リフトカー台数の低減（50％以上） 4. 購買部＝社外流失費の削減 5. 品質保証部＝不良率の低減、手直しの低減 6. 経理部＝各部への原価の展開、原価低減の改善提案の促進、各部の原価低減の活動のフォロー
(3) 経営者と管理者	1. 上記（1）の活動の創設・運営・管理

　生産の仕事は長年繰り返して行う業務であるため、チームのリーダーと仲間との業務分担が決まっています。そのため、チームリーダーの下でチームが協力し合って新たな取り組みを行うことが意外に少ないのです。そこで、チーム（職場）とチームメンバー（人）に新しい仕事への取り組みを少しずつ体験してもらう必要があります。

　ここで筆者は、拒絶反応が起きないように改善の大部屋と小部屋を設けて「見える化」し、チーム全体の意識を少しずつ変えていくようにしました。その上で、チームにとって身近な新規の仕事から始めることにしました。

　この改善計画にある「全員参加の原価低減活動の創設」を実現するための最大の問題点は、人と職場のマンネリ化です。そこで、これを最優先課題として、問題点(1)から取り組みました。

　実は、筆者がこの会社の改善に取り組む前に、2社のコンサルタント会社が原価改善の指導を行っていましたが、成果が芳しくなく、筆者が担当することになりました。原価低

減の目標・方法を提示しただけでは職場と人は動きません。動く方法が分からないし、動く気にならないからです。

9.3.1.2　問題点の詳細

(1) 人と職場のマンネリ化

この会社について筆者は次のような説明を受けました。

各部長(生産部、生産管理部、品管部、技術部、調達部、経理部)は社長から指示はあったが、どうしたら原価を低減できるかが分からない。原価に関する教育も受けていないので、そのまま放置している。部長として、部下に原価低減の指示はしていない。課長から現場の組長まで皆、原価については全く眼中にない。経理部は会社の経理処理と会計は行うものの、原価低減を実施したことがない、原価低減は俺たちの仕事ではない——と。

現場の組長は毎日決められた生産に追われて残業しながら生産していました。一方で、各組の作業者は見える化ができていないので、今日の仕事とその量が不明なまま黙々と作業していました。組長および一般の作業者はマンネリ化しており、目に輝きがありませんでした。ここで筆者の頭には次の疑問が浮かびました。

・本当に仕事量が負荷を超えているのか
・仕事の割り当てがアンバランスなのではないか

ほとんどの従業員の仕事は生産することだけで、改善を行うことはありません。改善を仕事とは思っていないのです。製品の不良が出ているのに、検査は工場内の外注業者の担当であり、不良品を生産している自覚がありませんでした。まさにマンネリ化であり、意欲がなくてモチベーションが低かったのです。

(2) 生産計画によるロス

顧客からの製品の注文をまとめてロット(大きな箱型)にしており、さまざまな形状をこのロットに組み合わせて生産していました。生産管理部はシステムで検討し、ロットの歩留まりを向上するように生産計画を立てていました。どうしてもこのロットでは歩留まりが悪い場合は、汎用品を入れて歩留まりを向上させるのです。生産管理部はこれを毎日、生産部署に指示していたのです。

このロットは、注文を受けた製品と、注文はないものの将来使用できる汎用品から構成されていました。ここで筆者の頭には次の疑問が浮かびました。

・果たして、このような歩留まり向上が原価低減につながるのか

(3) リフトの台数

工場内の物の運搬にはリフトを使っていました。リフトの稼働台数は約60台で、自社の所有とリースがありました。ここで筆者の頭には次の疑問が浮かびました。
・リフトは60台も必要なのか

(4) 品質不良

生産ラインで生産完了後の製品検査は外注業者に委託し、外注の検査員が検査を実施していました。ところが、検査基準内で本来は合格である製品を不合格と判断しているケースがありました。外観検査でも合格と不合格の基準があいまいで、合格品と思われる製品を不合格にしているものが散見されました。ここで筆者の頭には次の疑問が浮かびました。
・場内外注業者は不合格品が増えると不合格の修正の仕事が増えるため、意図的に不合格を増やして売り上げを伸ばしているのではないか。

(5) 設備故障

設備にも多くの問題点がありました。設備保全の状況も悪いので、設備の故障が年々増えて、総合稼働率が低下していたのです。

9.3.1.3　問題点への対応と改善の内容

(1)～(5)までの問題点を指摘しても、この工場の関係者は改善を実施しませんでした。日々の生産以外の仕事(改善など)を経験したことがなかったからです。この事例で日々の生産以外の改善などの活動を進めることになりましたが、当初は生産が忙しいと言って、改善の仕事になかなか関心を示しませんでした。

(1) 人と職場のマンネリ化の改善

人と職場の能力やモチベーションが不足しているのは、会社がこれまで育成を怠ってきたからです。従業員が悪い訳ではありません。育成すれば、人と職場の能力やモチベーションが上がります。人と職場の能力の向上は、教育と技能の向上です。人と職場のモチベーションの向上は、良い経験や体験をさせる機会を設けることです。

工場の職場の任務は**5大任務**(①安全・5S・環境、②品質、③生産、④原価、⑤人材育成)です。日々の日常管理を行うと問題点や課題が分かるようになります。従って、この5大任務における問題点を改善することも工場の職場にいる人たちの仕事です。

こうした仕事をできるようにするには、まずは人と職場の能力やモチベーションの向上

が必須です。これを向上させる活動が**活性化活動**です。

活性化活動には、次のような活動があります。参加者のモチベーションが上がり、職場の協力関係なども良くなります(**図9-6**)。

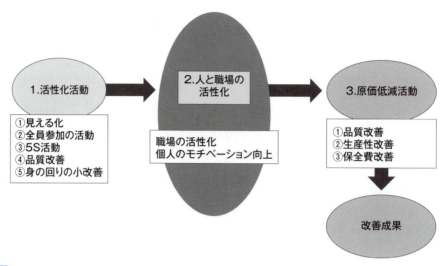

図9-6 原価改善の事例1：活性化活動と原価低減の関係(作成：筆者)

活性化活動の種類

5S(整理・整頓・清掃・清潔・しつけ)活動、**見える化**、身の回りの小改善、**多能工化**、品質改善、QCサークル活動、自工程完結の活動、道場による専門技能の向上、創意工夫、教育、これらの活動の発表会、改善後の表彰など。

これらのうち、筆者は5S活動と見える化、品質改善の活性化活動を全員参加型で始めました。この活動で自身の職場の環境が良くなったり仕事が楽になったりするので、この活動の成果を実感できます。身近な改善から始めることが大切です。

こうすれば、この活動(小改善)も重要な仕事であると皆が認識するようになります。加えて、この活動は職場(チーム)で活動して成果が出るため、チーム内の協力や一体感が生まれます。すると、より効果の高い改善(原価低減)に挑戦できるようにもなります。

図9-7に示した通り、人と職場の活性化は順調に進みました。それでも、最初の半年間は原価低減の効果はゼロに近い状態でした。しかしながら、その半年間で人の意識は変化し、日常の生産の仕事＋活性化の活動が自分たちの職場の仕事であると認識できるようになりました。

このように人と職場が活性化してくると(2)～(5)の問題点の改善が進み、半年以降はグラフのように原価低減が進みました。

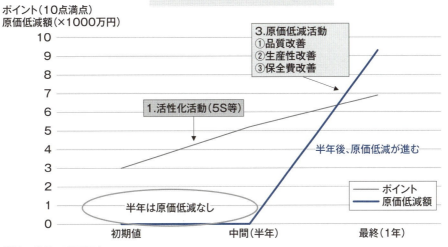

図9-7 原価改善の事例1：活性化活動の成果（作成：筆者）

(2) 生産計画によるロスの改善

果たして、このような歩留まり向上が原価低減につながるのかという視点で筆者が工場を調査したところ、次のような問題がありました。

ロットの歩留まりを向上させるために、注文がなくても汎用品を追加して生産しているものの、生産完了後の汎用品は倉庫に運んで在庫としていました。ところが、半年たっても売れないので、粉砕して原料の一部として再利用していました。しかし、再利用できる量には限界があり、一部は廃却していました。発泡コンクリートのパネルの中に組み込む原価の高い鉄筋は廃却していました。

このように、余分な汎用品を生産することで、ムダな運搬や保管、粉砕の手間暇や廃却費が生じていたのです。

筆者が「汎用品を追加して歩留まりを良くしたところで、かえって原価が上がります」とアドバイスしても、「いや、これについては原価を考えてシステムで検討した結果、歩留まりを向上させています」という回答で、当初は私のアドバイスには見向きもしませんでした。

生産管理部への説明

「私の案を1週間だけ試行してみましょう。その上で、これまでの生産計画の原価と私の案の原価を比較しましょう」と筆者は何回も説得し、試行をやっと承諾してもらいました。その結果、歩留まりは落ちましたが、発泡コンクリートの工程（**図9-5**）のムダな工程（仕掛かりの運搬や保管）や粉砕・廃却がなくなり、さまざまな原価が下がりました。原価が下が

ることが立証できたので、生産計画のソフトウエアを修正しました。

(3)リフトの台数の改善

　60台のリフトは必要なのかという問題については、生産計画によるロスの改善〔問題点(2)への対応〕と品質不良への対策〔問題点(4)への対応〕などを行うことでリフトの走行距離が激減しました。

　また、製品の出荷前の製品在庫を少なくする、すなわち、当日必要な出荷分だけを生産計画し、確定注文の変動があった分のみを保管するという改善を行いました。これで各所にあった倉庫が激減しました。その結果、運搬距離や回数が減りました。

　こうした改善により、60台も必要だったリフトが30台に半減し、人件費も下がりました。

(4)品質不良への対策

　製品検査と製品不良品の手直しは工場内の外注業者に委託していました。外注業者が検査を厳しくすれば、当然、手直しの仕事が増加して外注業者の売り上げが増えます。特に、外観検査が主体だったので、判断の基準が外注業者任せになるという問題がありました。

　そこで、検査は内製で行うこととしました。手直しは引き続き工場内の外注業者が担当します。ただし、外観検査の限度見本を作成し、合否はこの見本で判断することとしました。

　その結果、不良品も手直しの数も減り、外注業者への支払いが激減しました。加えて、不良品を手直し場に運搬する外注費用などのほか、リフトの台数も削減できました。

(5)設備故障の改善

　各工程の設備の可動率が悪い状態でした。専門保全の人たちは、設備台数が非常に多くて常に設備を管理できないので、定期的に巡回してメンテナンスを実施していました。設備が停止しても、設備の5Sが悪いため、どのように設備が停止したかは不明であり、故障の原因を追究するのは困難でした。そして、生産部の作業者は設備に無頓着でした。

　そこで、生産部にも保全の一部である日常保全を担当してもらうことにしました。まず、生産部の作業者に設備の5Sを担当してもらうようにし、その後、設備の教育を行って、設備の日常点検も担当できるようにしました。

　こうすることで、作業者が日々の設備の調子にも関心を持つようになり、設備の調子がおかしくなると保全に連絡して故障を事前に回避できることが多くなりました。こうした保全活動を「自主保全」と呼びます。この活動で各生産ラインの可動率が大幅に向上し、工場の生産ライン全体の可動率も良くなりました。

9.3.1.4　改善の結果

図9-7の活性化活動の成果のグラフから分かるように、1年で約1億円近くの原価低減ができ、1年半で黒字を達成できました。何よりも、各職場の人達が元気になり、目が輝いて、自分たちの課題に取り組むようになったのです。

9.3.2　事例2：電子機器の製造

この会社は、スマートフォンやパソコン、タブレット端末の受託生産を行ってます。中国に生産工場がたくさんあり、1拠点（工場）に約1万人が働いています。その1工場の原価低減に関してコンサルティングの依頼を受けた事例です。

この工場には1万人の従業員が働いており、目標はその全員が原価改善に参画するようになることです。そこで、工場全体に原価低減を展開すべく、原価の推進体制を整備しました。

9.3.2.1　原価の推進体制をつくる

原価の推進体制として、次の(1)～(5)までを整えました。

(1) 原価改善の委員会の創設
　委員会の構成は次の通りです(**図**9-8)。
① 経営トップ
② 経理部門・購買部門の責任者
③ 技術部門の責任者
④ 製造部門・品管部門の責任者＋アドバイザー（筆者）

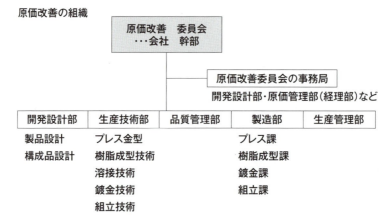

図9-8 原価改善の事例2:原価の推進体制(作成:筆者)

　この委員会の目的と位置付けは次の通りです。
① 原価改善の計画・実施・管理・評価の決定機関
② 原価改善を行うためには、経理部門・技術部門・製造部門が協力する必要がある。会社として、全社を挙げて原価改善に取り組む姿勢を示すことにより、原価改善の重要性を示す
③ 定期的に、原価企画委員会の会議を開き、計画の決定・実施状況を報告させる
④ 原価改善の組織・運営の最高決定機関である

(2)原価改善に関する実行部隊の大部屋の設置と、活動計画および進捗の「見える化」管理
　図9-9は原価改善の大部屋です。この大部屋に原価改善委員会の推進事務局を設けます。

　推進事務局の構成は次の通りです。
① 経理部門・購買部門のベテラン
② 技術部門のベテラン
③ 製造部門・品管部門のベテラン+アドバイザー(筆者)
　推進事務局の目的と位置付けは次の通りです。
① 原価委員会の補佐・提言
② 実質的な原価推進のセンター
③ 関係部署の原価に関する教育
④ 原価の情報のセンター(原価情報の分析とシステムの構築)

図9-9 原価改善の事例2：原価改善の大部屋方式（作成：筆者）

(3) 委員会における原価推進に関する特別チームの設置と(4)のサポート

特別チームの構成は次の通りです。

① 経理部門・購買部門の意欲ある若手
② 技術部門の意欲ある若手
③ 製造部門・品管部門の意欲ある若手

特別チームの目的と位置付けは次の通りです。

① 特別課題の原価改善の計画と推進
② 原価改善のための新技術の開発
③ 特別チームが会得した方法・技術を社内に普及させる

(4) 製造部における原価改善チームの設置

原価改善チームの構成は次の通りです。

① 基本的には現在の職制

② 原価の情報は限定的にし、代表特性(材料の台当り使用量など)で管理させる
③ 製造部門・品管部門の意欲ある若手
　原価改善チームの目的と位置付けは次の通りです。
① 製造部門・品管部門の原価改善の計画と推進
② 原価改善のための新工法・技能・新技術の工夫
③ 製造部門・品管部門が会得した方法・技術を社内に普及させる

(5)新製品の原価：量産前の先行した原価改善の実施
　これを担当するのは、技術部・購買部・品質管理部・生産管理部・生産部です。
　従来の製品の原価に関する問題の再発を防ぐため、新設計部品は原価企画を課します。また、新製品の原価企画は原価委員会の承認を得ることを必須とします。

　新製品の原価改善の構成は次の通りです。
① 基本的には現在の職制
② 原価の情報は積極的に開示し、原価情報・原単位などの原価情報を整備する
③ 設計部門・品管部門の意欲ある若手・ベテラン
　設計原価改善の目的と位置付けは次の通りです。
① 設計で原価の大半が決まるため、源流で原価企画・計画を推進
② 原価改善を考えた設計と新工法・技能・新技術の工夫
③ 生産技術・製造工程・品質を考えた設計の普及・教育・実践

9.3.2.2　工場全体の原価改善の各活動と目標

　各活動に1年間で達成する次のような目標を立てました。
(1)特別チームの原価改善活動
① 原価改善の見本となる原価低減を実施する　－10～－30％
② 原価低減のための新技術を開発する　－20～－50％

(2)通常生産の中での活動(製造部・品質管理部・購買部・生産管理部)
① 全ての部・課の原価改善の提案を取り上げ実施する　－5～－30％
② 原価に関する代表する指標で、製造部・品質管理は原価改善を実施する
　　－5～－30％

(3)新製品の原価低減活動(技術部・購買部・生産管理部)
① 従来の製品の原価に関する問題の再発を防ぐため、新設計部品は原価企画を実施する。
② 新製品の原価企画は原価委員会の承認を必要とする －10〜－50%(従来製品に対して)

9.3.2.3　原価改善の方策

　各原価改善の活動で、この目標を達成するためにどのような原価の費目に重点を置くべきかを検討し、原価低減の方策を上げました。材料の板材から電子の基板用の端子を製作するのですが、その材料の歩留まりの改善は次の通りです。さまざまな形状の端子があるため5種類に分類し、その分類ごとに材料の幅の短縮と材料取りのパターンを検討して歩留まりを向上させました。

① 材質・板厚の変更
② 不良率の低減
③ 材料・加工の低減
④ 材料幅の変更1
⑤ 材料幅の変更2
⑥ 材料幅の変更3
⑦ 材料幅の変更4
⑧ 材料幅の変更5
⑨ 材料取りパターン変更A
⑩ 材料取りパターン変更B
⑪ 新工法の検討・試行

9.3.2.4　活動の成果

　当初の計画に掲げた、製品の所定の項目における原価低減の目標値は1年で達成できました。ただし、全製品に展開する必要があり、今後もこの活動を続ける必要があります。
　また、この事例はTPSの改善の活動を3年間実施し、GBM評価(工場評価、**第11章参照**)で3.0を達成した会社での原価低減の活動です。大半の従業員が活性化され、自主的に改善ができるレベルになっていました。そのため、原価低減の活動もスムーズに実施できました。

企業の人材育成

企業の人材育成

　原価マネジメント（原価企画、原価計画、原価維持・低減）の活動は全社員の活動です。全社員の能力とモチベーションを高める人材育成が企業経営の鍵となります。トヨタ自動車では「物づくりは、人づくり」であると考えています。本章では企業の人材育成について解説します。

10.1　企業の人材育成

　まず、企業の人材育成について、筆者は次のような考えを持っています。
(1) 企業の業績はその企業の社員の人材の能力で決まります。
(2) 人材育成は学校で学んだことだけでは不十分です。また、理論だけでも不十分です。実践できる能力と情熱（Motivation）が必要です。難しいことに挑戦する熱意が大切なのです。人材の総合能力とは知識・スキルなどの能力と情熱（Motivation）によって構成されます。これらを養成することが人材育成です。
　筆者の経験から、1人ひとりの仕事の成果（結果）はこれらと密接に関係しています。次の式でこのことを表しています。

個人の式
仕事の結果＝人格（Personality）×能力（Ability）×モチベーション（Motivation）
略して、Output＝P×A×M

　仕事の結果とはQCD（品質・コスト・納期／リードタイム）に関するものです。仕事の成果としてKPI（Key Performance Indicator；重要業績評価指標）で表現するケースが少なくありません。

能力(Ability)とは、知識(Knowledge)や技能(Skill)などです。教育や訓練で向上します。

一方、モチベーション(Motivation)とは、熱意・情熱・挑戦力・前向きな気持ちのことです。一般的な教育では向上しません。良い経験や良い体験を積み重ねて向上します。良い経験・良い体験とは、何かレベルアップする仕事に挑戦して成功体験を得ることです。そのことを周囲の人たちから認められ褒められる経験をすると、モチベーション(Motivation)が向上します。従って、良い経験・体験を積ませる機会をたくさんつくる必要があります。

その活動とは、5S(整理・整頓・清掃・清潔・しつけ)活動、身の回りの小さな改善、QC(品質管理)サークル活動、仕事の「見える化」などの改善活動です。

企業の全体の式
企業の成果(QCD)＝Σ人格(Personality)i×能力(Ability)i×モチベーション(Motivation)i
略して、Output＝Σ(Pi×Ai×Mi)

Σのiは1〜nの累計です。nは企業における従業員の人数です。すなわち、1人ひとりの成果の累計が企業の成果になります。実際はこの式のように単純ではありませんが、かなり実態を表現していると思います。企業の文化・風土などもありますので、時には以下のように表現します。

Output＝$\underline{α}$×Σ(Pi×Ai×Mi)

αは企業の文化や風土、組織間の協力度です。

ここまで式で説明しましたが、分かりやすいように**図10-1**にまとめます。

会社の成長は人の成長と比例します。儲けるためには人の成長を促す人材育成が必要です。

その企業に合った人材育成が必要です。スタッフ・技術者・生産メンバー・リーダー・管理者などを長期的かつ計画的に養成するライフワークプランを作成し、人材育成することを企業には勧めます。**図10-2**の例を参考にしてください。

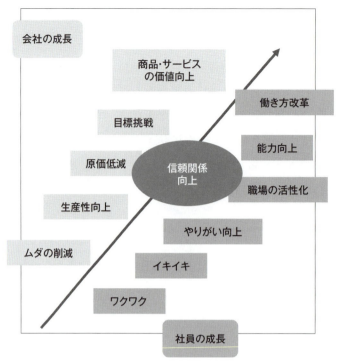

図10-1 会社と社員の成長イメージ（作成：筆者）

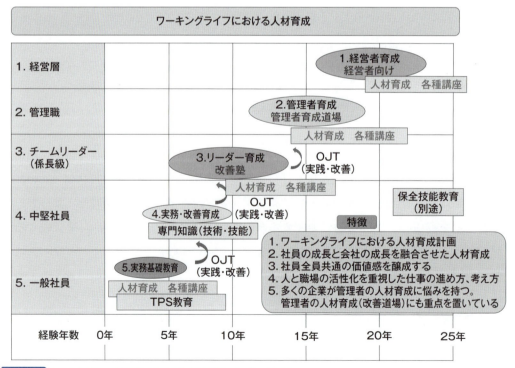

図10-2 ライフワークプランの例（A社の例）（作成：筆者）

10.2 原価マネジメントの人材育成

　企業会計はその目的により、財務会計・管理会計・税務会計の3つに分けられます。財務会計と税務会計にはそれぞれ会計士、税理士の国家資格があります。これらの人材育成は専門家の育成として既に確立されているため、ここでは原価マネジメントの人材育成について説明します。

10.2.1　原価教育の対象

　原価マネジメントに関する社内教育を各部署の全員に対して実施します。以下の2つに分けて行います。

(1) 事務所スタッフ・開発設計者向けの教育

　これまで説明したように、企業の業務は多岐にわたり、機能別の専門の部署があります。スタッフ全般の原価の教育とその部署に応じた原価の教育が必要です。スタッフの一般的な教育は本書を基に教育するのも1つの方法ですが、TMS＆TPS検定協会による「原価マネジメント指導士」の資格取得講座の教育内容に基づいた教育を受け、資格を取得する方法もあります。

(2) 工場関係向けの教育

　工場の関係のスタッフ・技術員には上記の事務所スタッフ向けの教育が適していますが、工場の現業部門の技能員・班長・組長向けには、本書の**第8章**を中心に教育することを勧めます。自分たちの職場の具体的な費目や科目、労務費、副資材などを取り上げながら、理解しやすく、すぐに実行に移せるように教材を工夫する必要があります。

10.2.2　原価教育の内容

　ここでは事務所スタッフ・開発設計者向けの教育内容についてのみ紹介します。

事務所スタッフ・開発設計者向けの教育内容

　1つ目は、本書を基に教育内容をアレンジし、教育プログラムを作って実施します。
　2つ目は、TMS＆TPS検定協会の原価マネジメント指導士の資格取得講座の教育内容

を参考にしてみてください。この教育内容は下記の通りです（目次のみ掲載します。テキストも販売されていますので、詳細は同書を参照してください）。

「原価マネジメント指導士」資格取得講座テキストの目次
序章　企業マネジメントと原価マネジメント
第1章　原価管理とは
第2章　原価とは
第3章　原価分析
第4章　原価による意思決定
第5章　原価低減のポイント
第6章　財務諸表の基本
第7章　その他の原価管理手法
第8章　原価マネジメント資格者の役割

10.2.3　原価マネジメントの中核的人材の養成

機能別の縦の組織・スタッフを、横から原価に関する業務を通してマネジメントできる人材を社内で養成します。経営者の右腕となる、組織を横断する原価の推進部署（トヨタ自動車では原価会議）の人材になります。この人材には次の資格の取得を勧めます（**図**

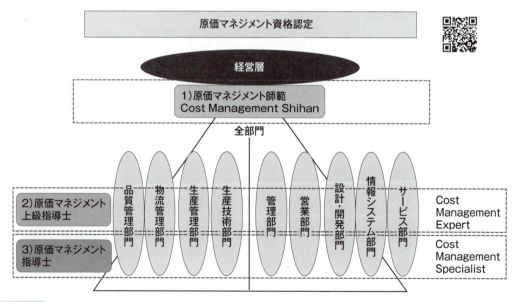

図10-3　原価マネジメント資格認定（出所：TMS＆TPS検定協会）

10-3)。

　TMS＆TPS検定協会の原価マネジメント指導士の資格には3段階の資格があります（やさしい方から順に記載します）。

・原価マネジメント指導士
　社内の原価マネジメント展開のリーダーで、教科書及び所定のセミナー・ワークショップ受講後、資格試験に合格した人。

・原価マネジメント上級指導士
　原価マネジメント指導士の資格を持ち、社内で1年以上の原価に関するマネジメントおよび成果を評価して合格した人。

・原価マネジメント師範
　原価マネジメント上級指導士の資格を持ち、社外も含めた3年以上の原価に関するマネジメントおよび成果を評価して合格した人。

10.2.4　マネージャーの原価教育と人材育成

　マネージャーの原価の教育および人材育成はなかなか難しい面があります。なぜ難しいかというと、過去にこうした教育を何度も行いましたが、マネージャーは実務を担当していないので実感しにくく、実務に落とせないために習得が困難だからです。もちろん、過去には実務を担当していたとは思いますが、その実務は現在の実務に合っていなかったり、時代や環境が変化してしまったりします。加えて、マネージャーになると業務の範囲が広がり、実務の経験がない分野も担当します。さらに、教育・実習などの手足を動かす課題は部下に任せることがほとんどです。
　こうした難しい面はありますが、会社として有能なマネージャーを育成することは必須ですので地道に育成しましょう。
　マネージャーには、TMS＆TPS検定協会の原価マネジメント資格を上級以上で取得することを進めます。

・原価マネジメント上級指導士
・原価マネジメント師範

一般の事務所スタッフ・開発設計者は原価を考えながら実務の中で実践し、実務の体験を通して原価に関する能力をステップアップさせています。マネージャーはこうした有能な事務所スタッフ・開発設計者をマネジメントしていくため、上級以上の原価マネジメント資格程度の原価マネジメント能力は必要です。

　特に、マネージャーは高い見地から原価をマネジメントする必要があり、かつ各部門にまたがる企業の課題に挑戦できる能力を取得している必要があります。マネージャーが自分の部署のみを考えて管理しがちになると、部署間の壁が出来てコミュニケーションが悪くなります。こうなると、企業の中で派閥の闘争ばかりを繰り返すことになります。

　こうした事態にならないように、組織間の課題を解決することをマネージャーの仕事とすることが必要です。そうすることで、将来、横からの管理（Woven Management）ができる人材になります。

　原価マネジメント資格者とは、製造現場や各部門で発生する原価を把握し、その発生した原価を区分・分析することによって現場の改善活動に役立つ原価情報を提供することができ、原価低減活動を推進できる知識と指導力を持っている人のことです。会社の経営において、原価マネジメントを核として運営することが当たり前になるよう願っています。

第11章

企業の改善力の評価：
GBM（グローバルベンチマーク）評価

企業の改善力の評価：
GBM（グローバルベンチマーク）評価

　企業の業績は、企業のマネジメントの良否や、各部署・各スタッフの業務と付加価値の状態などで左右されます。こうした面も含めた企業の改善力の評価を行う必要があります。これが「GBM（グローバルベンチマーク）」評価です。GBMの評価値は企業の実力値です。改善することでGBMの値は向上しますので、改善の進捗のバロメーターにもなっています。本章ではこのGBM評価について解説します。

11.1　GBM（グローバルベンチマーク）の概要

　筆者の会社である豊田エンジニアリングは、企業のマネジメントが順調に機能しているか、各部署・各スタッフが業務と付加価値を対にしているかなどのマネジメントに関する企業の評価を行っています。この企業マネジメントに関する評価を企業の「GBM（グローバルベンチマーク）」評価と言います。このGBM評価により、付加価値を高めたり、原価低減を行ったりする企業の活動の状態とその体力を評価します。

　GBMの評価が高ければ、企業会計上の収益が向上します。企業を指導する中で各種企業のGBMを開発してきました。現在はこれら6種のGBM評価を活用しています。企業の要望と実態に合わせてこれらのGBM評価を使い分けながら、問題点を顕在化させて、対策と改善を行っています。

　GBM評価の値は企業の利益を生み出す実力値になります。

企業のGBM評価の種類
［1］企業のマネジメント全体(コア部)GBM評価
［2］原価マネジメントGBM評価
［3］商品(製品)企画のGBM評価

［4］工場のGBM評価
［5］工場の生産管理部のGBM評価
［6］工場の原価管理のGBM評価
（各GBM評価の値は5点満点）

　筆者が評価に携わった企業の例を紹介しましょう。**図11-1**はある工場に対して実施したGBM評価の例です。この企業は3年間にわたってさまざまな改善を行いました。改善の始まりと、その後1年ごとにGBM評価を行い、工場の実力値を評価しながら改善活動を進めました。その結果、当初は「1.5」だったGBM評価が3年後には「3.0」になりました。3年後の成果では生産性が72％向上する一方で、不良率は改善の前の数値が1／8に減少し、原価を30％低減できました。

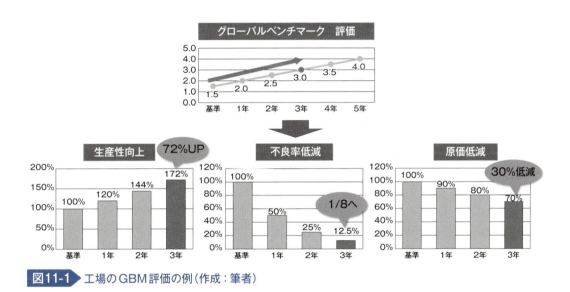

図11-1　工場のGBM評価の例（作成：筆者）

　この例のように、会社の実態・工場の実態を把握するGBM評価は非常に重要な値です。豊田エンジニアリングではコンサルティングの依頼を受ける際にこのGBM評価を実施し、事前に問題点を把握してから、今後の課題を明確にして中・長期の改善計画を提案しています。この改善計画書に基づいて改善を進めていくのです。

改善活動で会社の改善力が向上し、**QCD（品質、コスト、納期／リードタイム）**に関するさまざまな効果が生まれます。GBMは改善が順調に進んでいるかどうかの指標にもなっています。

これまでのコンサルティングでは、ほとんどの会社はGBM評価が1.0～1.5の値でした。GBM評価の値は企業が利益を生み出す実力の値なので、その実力値で工場は運営されています。実力値を高めれば、業績が上がります。改善を地道に進めて社員の養成を行えばGBM評価は向上します。

GBM評価における当面の目標としては3.0を勧めます。このレベルであれば、多くの社員が自主的・自律的にさまざまな改善を進めることができます。

[1]企業のマネジメント全体（コア部）GBM評価

表11-1に企業のマネジメント全体（コア部）のGBM評価表を一部掲載します。

[2]原価マネジメントGBM評価

表11-2に原価マネジメントGBM評価表を一部掲載します。

企業の付加価値向上および原価低減のための企業の活動の状態とその体力を評価します。この評価が高まれば、企業会計の収益が高まります。

原価マネジメントのGBM評価を実施するときは、会社のオフィス系の職場が主体となります。従って、**表11-1**に示した企業のマネジメント全体（コア部）GBM評価を必ず並行して行います。

原価マネジメントを展開するには、企業のマネジメントに携わるスタッフや幹部の人材育成が不可欠です。企業のマネジメント全体（コア部）GBMの評価と原価マネジメントGBMの評価は深く関わるため、総合的にGBM評価を行います。

[3]商品（製品）企画のGBM評価

表11-3に商品（製品）企画のGBM評価表を一部掲載します。

この商品（製品）企画のGBM評価を実施するときは、会社のオフィス系の職場が主体となります。従って、**表11-1**に示した企業のマネジメント全体（コア部）GBM評価を必ず並行して行います。

[4]工場のGBM評価

表11-4に工場のGBM評価表を一部掲載します。

表11-1 企業のマネジメント全体（コア部）GBM評価表（作成：筆者）

企業のマネジメント全体（コア部）GBM評価表

企業名：　　　　　　　　　　　　　確認日：

取扱品目：　　　　　　　　　　　　確認者：

分類	評価項目	判定 (1～5)	コメント記入欄
①経営・運営活動の見える化	会社ビジョン、理念		
	中長期計画		
	年度方針管理		
	組織的横断活動		
	総合進行管理活動		
	経営の見える化		
	平均点		
②職場づくり	改善推進体制		
	日々の大部屋		
	マネジャの改善関与度		
	平均点		
①～⑥総合点			

評価点のガイドライン

評価点	判定基準
5	業界トップレベルのマネジメント
4	標準として実行され、未然防止型の改善に改良されている
3	標準として実行しているが、さらに問題を見つけ、改善した結果が見られる
2	標準（表準）としては、ほとんど存在している
1.5	標準（表準）として、少しある
1	標準が見受けられない

表11-2 原価マネジメントGBM評価表（作成：筆者）

原価マネジメントGBM評価表

企業名：　　　　　　　　　　　　　確認日：

取扱品目：　　　　　　　　　　　　確認者：

分類		評価項目	判定 (1～5)	コメント記入欄
①経営・見える化	収益向上	・中長期利益計画		
		・目標利益（原価）決定		
		・会社方針への織込みと展開		
		・原価マネジメントの体系・仕組み構築		
		・総合進行管理の仕組み、会議体		
		・組織的横断活動		
		・全員参加の原価活動		
		平均点		
②商品・事業	価値創	・競合他社の新商品情報調査、ベンチマーク		
		・顧客ニーズの収集		
		・市場販売動向調査		
		平均点		
①～⑥総合点				

評価点のガイドライン

評価点	判定基準
5	業界トップレベルのマネジメント
4	標準として実行され、未然防止型の改善に改良されている
3	標準として実行しているが、さらに問題を見つけ、改善した結果が見られる
2	標準（表準）としては、ほとんど存在している
1.5	標準（表準）として、少しある
1	標準が見受けられない

表11-3 商品（製品）企画のGBM評価表（作成：筆者）

商品（製品）企画GBM評価表

企業名：＿＿＿＿＿＿＿＿＿＿＿　　　確認日：＿＿＿＿＿＿＿＿＿＿＿

取扱品目：＿＿＿＿＿＿＿＿＿＿＿　　確認者：＿＿＿＿＿＿＿＿＿＿＿

分類		評価項目	判定(1～5)	コメント記入欄
①事業計画	利益目標設定	・中長期利益計画		
		・中長期商品戦略策定		
		・会社全体の利益目標決定		
		・個別製品の目標利益（原価）決定		
		・利益計画に整合した商品導入日程の決定		
		・指示体系、会社方針への展開		
		・役割分担、総合進行管理／運営の仕組み		
		平均点		
②商品企画	市場／環境調査	・社会環境状況の変化把握		
		・顧客情報、ユーザーニーズの収集		
		・価格、商品力の競合性の解析		
		・市場要請価格（売値）調査		
		平均点		
①～⑦総合点				

評価点のガイドライン

評価点	判定基準
5	業界トップレベルのマネジメント
4	標準として実行され、未然防止型の改善に改良されている
3	標準として実行しているが、さらに問題を見つけ、改善した結果が見られる
2	標準（表準）としては、ほとんど存在している
1.5	標準（表準）として、少しある
1	標準が見受けられない

表11-4 工場のGBM評価表（作成：筆者）

GBM工場評価表

・工場：＿＿＿＿＿＿＿＿＿＿＿　　　確認日：＿＿＿＿＿＿＿＿＿＿＿

・生産品目：＿＿＿＿＿＿＿＿＿＿　　確認者：＿＿＿＿＿＿＿＿＿＿＿

分類		評価項目	判定(1～5)	コメント記入欄
1 職場の活性化	明るい職場	①5S改善活動		①工具類で一部整頓されてるが棚、作業配置等も表示なくトヨタ式の2Sから進めたい。
		②チーム力向上活動と激励制度（朝礼、表彰等）		②朝礼は実施してるが、日常の管理方法を定め見える化する必要がある。
		③中長期の人材育成制度（含：道場、リーダ育成）		③ライフプランに基づく中長期的な人材育成が課題か。
		④小集団改善活動		④小集団での改善活動で一層の活性化が必要では。
		⑤多能工化の推進		⑤個々の技能に頼ってる、会社として多能工化と技能向上も実施したい
		平均点	…	
2 職場の見える	管理の見える	①改善活動を支える組織体制		①改善を促進する方針を日常管理のなかで実施する必要がある。
		②監督者の役割（日常管理・異常処置と改善推進）		②日常管理項目が明確でない、生産進捗状況、部品発注管理、、
		③見える化（工程と人員配置、生産状況 等）		③日常の管理を見える化し、実績フォローする必要がある。
		平均点	…	
①～⑥総合点			…	

判定基準
　5点：改善し、あるべき姿に到達している　　3点：改善をしているが、一部不充分　　1点：改善がない。無管理状態に近い

[5] 工場の生産管理部のGBM評価

　工場の生産管理部のGBMを説明する前に、生産管理部の業務について補足します。ものづくりの会社において、工場の生産管理は非常に大切です。工場の活動には多くの部署から大勢の従業員が関わります。そのため、生産管理部（工務部）の組織があり、生産管理業および工場の管理業務を担当しています。このうち生産管理業務は工場全体のマネジメントを司る重要な仕事ですが、企業によって担当する業務の範囲やレベルに違いがあります。筆者は次のような生産管理部の業務を推奨します。

生産管理部（工場管理）の業務

　図11-2は生産管理部の工場管理業務です。生産管理部の業務は工場全体に及んでおり、工程全体をマネジメントします。工程とは5M（人、設備、材料、方法、検査）ですので、これらを付加価値が生まれるようにマネジメントします。

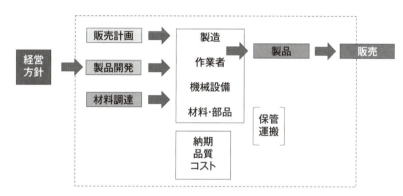

図11-2 生産管理部の工場管理業務（作成：筆者）

生産管理の業務は次の通りです。
(A)販売部門との受注と生産の調整業務
(B)生産計画
(C)部品の手配
(D)材料・副資材の手配
(E)部品表（BOM）・設計変更
(F)ラインコントロールALC
(G)安全・人事・労務
(H)設備管理・工程管理
(I)工場管理

(J)新製品進行管理
(K)原価管理
(L)物流(工場外)
(M)物流(工場内)
(N)生産管理システムIT
(O)海外生産の指導・支援(親工場制)
(P)工場の総括(TPS)
(Q)海外生産用の部品供給

(A)販売部門との受注と生産の調整業務

　国内の販売・営業部門および海外の販売・営業部門の受注と生産は調整する必要があります。販売量や販売見込み量は季節などによって常に変動します。しかし、工場サイドは設備能力や人員能力をこの変動に対応させるには限界があります(すぐには設備能力を向上できない、人の採用・訓練に時間がかかるなどの理由があります)。

　一方、受注が減少すると設備の稼働率が落ち、仕事が減って人が余ります。当然、原価の費目である設備償却費や人件費がかさみます。そこで、受注の変動による生産への影響を少なくするために、生産の平準化を図ります。時には販売奨励金を出すこともあります。その上で、年間生産計画や3カ月前生産計画、2カ月前生産計画、1カ月前生産計画を立案します。

(B)生産計画

　先ほどの生産計画に基づき、生産管理部は工場に対して月ごとの生産計画や週ごとの生産計画、日々の生産計画を各製造部に展開します。この際、各生産部署と設備能力、人員の能力の調整を行います。その上で、日々の生産はタクトタイムを決めて生産します。

(C)部品の手配

　先ほどの年間生産計画や3カ月前生産計画、2カ月前生産計画、1カ月前生産計画については、調達部門から各仕入れ先(部品会社)へ生産計画の情報を伝えます。3カ月前生産計画と2カ月前生産計画は内示情報、1カ月前生産計画は確定情報となります。トヨタ自動車では、納入指示または生産指示は「かんばん」を運用して細かく管理しています。これに関わる業務として、各仕入れ先へ発行しているかんばんの発行枚数などの調整を行います。これらのかんばんから情報を読み取って部品の納入状況も把握します。

(D) 材料・副資材の手配

原材料の調達先や副資材の調達先に対しても、年間生産計画や3カ月前生産計画、2カ月前生産計画、1カ月前生産計画について、調達部門から各仕入れ先(部品会社)に生産計画の情報を伝えます。これらもかんばんを運用して細かく管理しています。

(E) 部品表(BOM)・設計変更

開発設計部門が作成する図面と部品表に基づいて、生産したり部品・原材料を手配したりします。図面と部品表の変更は「設変(設計変更)」と呼んでおり、この設変が発生すると、内製の各生産部署に伝達し、設変に対応した変更を行います(設備、治具、材料、検査、作業の方法など)。場合によっては、部品会社への原材料の手配にも影響があります。

なお、開発設計部門が作成する部品表(BOM)に工場が必要とする情報(生産工程など)を追加した工場の部品表(BOM)システムがあり、この部品表のメンテナンスを行います。同時に、各生産部署に情報を連絡します。

(F) ラインコントロール ALC (Assembling Line Control)

メインのライン(ボディー工程→塗装工程→組み立て工程→検査工程)に対して製品1台ごとに直接、生産指示・仕様指示を出し、またタクトタイムでの進捗管理を行います。各工程と生産管理部とがシステムでリアルタイムに結ばれています。このシステムの遅れ進みを数秒単位で把握できます。

(G) 安全・人事・労務(安全衛生などの労務管理と人事管理)

工場には多くの従業員が働きます。まず、第1優先は従業員の安全・健康面です。これを管理する専門の安全衛生管理部署を生産管理部内に設け、各職場の安全衛生の意識向上や安全の点検、危険予知訓練(KYT)などを実施しています。

労務管理は、従業員の勤怠管理や給与計算、社会保険などの福利厚生手続き、安全衛生や健康管理の実施など、職場環境を整える業務です。こちらも工場の生産管理部内に専門の部署を設け、各生産部署の労務管理を一括で管理します。

人事管理は各生産部署の共通する従業員の採用や育成、人事評価、人員配置などを担当します。

(H) 設備管理・工程管理

生産管理部内に、設備とその保全に精通した技術員、保全の専門家から成る設備課を設け、工場内の設備の保全業務を担当します。主な業務は次の通りです。

- 原動力(電気・水・エアー)の維持管理・保全
- 工場内の設備・治具などの維持管理・保全
- 工場内の省エネルギーの管理・改善
- 工場の環境保全、SDGs(持続可能な開発目標)への対応

(I) 工場管理

　生産管理部内に工場管理課を設け、工場内の工場管理の評価を担当します。業務内容は工場管理の各指標を決めて定期的にその指標を把握し、改善の目標値を決めて、各生産部署と協力して改善を進めます。工場管理の各指標は次の通りです。
- 各ラインの品質(不良率、直行率、不良の手直し量、廃却費)
- 生産性管理(工数など)
- 原価低減のサポート

(J) 新製品進行管理(本社と各工場の生産管理部が担当)

　生産管理部署が音頭をとり、各生産部署に働きかけて新製品の製造準備を実施します。量産後に品質・生産・原価が順調になるように、量産前に種々の製造準備の活動を行います。

　加えて、技術部の開発の日程管理や出図管理、生産技術部の日程管理も遅れが出ないように管理します。主な業務は次の通りです。
- 新製品の体制づくり
- 新製品の大日程計画の作成
- 技術部の開発状況管理
- 技術部の出図日程管理
- 生産技術部の生産準備の日程管理
- 工場の製造準備の全体管理

(K) 原価管理(工場の原価管理)

　生産管理部内に原価の管理部署を設け、各部署に対して原価低減の目標値・原単位を設定して原価低減活動を促します。

　加えて、各部署の原価の実績値を把握して管理します。工場の原価会議のトップは工場長ですが、この事務局も担当します。主な業務は次の通りです。
- 工場の原価低減の目標値と実行計画、予算の立案
- 工場の各部署における原価低減の実績の定期的なフォローと支援
- 工場の原価会議(毎月)の事務局

・工場の従業員の原価の教育
・工場の幹部への会社の経営状況・外部環境の説明

(L) 物流（工場外）〔本社の生産管理部署（物流管理部署）担当〕

既に説明した業務のプロセスに対応し、次の業務を担当します。サプライチェーンはグローバルになっていて複雑ですが、物流費は原価の大きな割合を占めているため、この業務プロセスを取りながら原価を織り込んでいきます。主な業務は次の通りです。
・物流企画
・物流計画
・物流の生産準備
・物流の製造準備
・物流の改善

(M) 物流（工場内）〔工場の生産管理部署と各生産部署が担当〕

物流（工場外）と同じような業務のプロセスをとり、工場内の物流企画を担当します。主な業務は次の通りです。
・物流企画
・物流計画
・物流の生産準備
・物流の製造準備
・物流の改善

(N) 生産管理システムIT〔生産管理関係のシステムの主管部署〕

生産管理システム（IT）を構築するのはITの専門部署とITの専門会社ですが、生産管理に必要な業務の「見える化」やプロセス化などは生産管理部の仕事です。

生産管理関係の業務範囲は広く、また生産を直接的に管理・運営する各種のシステムが必要になります。必要なシステムは次の通りです。
・受注管理システム
・生産計画立案システム
・工場の部品表（BOM）管理システム
・各生産部署への生産指示システム
・工程別ライン実績管理システム（例：ALC）
・部品会社への発注、納入指示システム

・各ラインのアンドン(生産状況の見える化ボード)など多岐にわたるシステム

(O) 海外生産の指導・支援(親工場制)

　昨今、生産拠点を海外に移転したり自前の海外生産工場を造ったりすることが増えました。しかし、日本と同等の品質・生産性を確保するには日本の親工場からのさまざまな支援が必要です。
・新製品の生産準備(工程計画と設備計画、調達の支援と指導)
・新製品の製造準備業務の支援と指導
・品質保証・管理の支援と指導
・海外工場の生産性向上の支援と指導
・工場の人材育成の支援と指導

(P) 工場の総括〔トヨタ生産方式(TPS)〕

　工場の品質や生産性など原価に直接影響する管理指標を日々把握し、問題があればすぐに対応・改善する体制が必要です。
・工場内の各部署における生産性の各指標の管理
・他工場の各種における生産性指標の評価と比較(BM)
・工場内の各部署における品質管理の指標の把握と評価
・他工場の各種における品質指標の評価と比較(BM)
・TPSの教育と指導

(Q) 海外生産用の部品供給

　昨今、生産拠点を海外に移転したり自前の海外生産工場を造ったりすることが増えましたが、全部品の現地国産化は困難なケースが多く、日本の工場で生産した部品を海外の工場に供給する必要があります。海外へ部品を供給する業務には次のようなものがあります。
・部品の現地国産化または日本支給の原価企画
・現地工場の内外製区分
・支給部品の生産準備
・支給部品の製造準備
・梱包ライン整備
・梱包仕様の計画と決定

　以上が生産管理部の主な業務です。生産部・品質管理部などの部署は機能別の組織であ

り、生産管理部は工場全体の管理業務や各組織に共通する業務などを担当する司令塔的な重要部署です。

工場の生産管理部のGBM評価表

表11-5に工場の生産管理部のGBM評価表を一部掲載します。

このGBM評価表は完成したばかりで今後実践によって試行し、修正していくことになりますが、ぜひ参考にして意見を頂けると幸いです。

表11-5 工場の生産管理部のGBM評価表(作成:筆者)

工場の生産管理部　GBM評価表

・工場:　　　　　　　　　　　確認日:

・生産品目:　　　　　　　　　確認者:

分類		評価	判定(1〜5)	コメント記入欄
1 稼働管理	稼働の正常化	①生産計画		
		②平準化生産		
		③各ラインの進捗管理		
		④稼動管理		
		⑤生産実績管理		
		平均点		
2 稼動管理	見える化と異常	①切替管理		
		②異常処理		
		③生産性管理		
		④生産指示と異常処理		
		平均点		
		①〜⑥総合点		

判定基準
5点:改善し、あるべき姿に到達している　3点:改善をしているが、一部不充分　1点:改善がない。無管理状態に近い

[6]工場の原価管理のGBM評価

表11-6に工場の原価管理のGBM評価表を一部掲載します。

この工場の原価管理のGBM評価は、会社の工場系の職場で活用することになるため、工場の原価管理のGBM評価の中で原価低減活動の状態も評価しています。

以上の6種のGBM評価で会社の実態・実力が指数化できます。そのため、問題点を顕在化でき、それらを解決するための対策をとることができます。種々の改善が進むと、これらのGBM評価値が高まっていきます。少なくとも半年ごとにこのGBM評価を受けることを勧めます。この数値の高まりを見て改善の苦労を吹き飛ばしてください。この数値の向上で改善に携わった人たちのモチベーションも向上します。

繰り返しますが、人材育成とはモチベーションの向上です。

表11-6 工場の原価管理のGBM評価表（作成：筆者）

工場の原価管理GBM評価表

・工場：　　　　　　　　　　　　　　確認日：

・生産品目：　　　　　　　　　　　　確認者：

分類	評価項目	判定 (1～5)	コメント記入欄
1 原価管理データ	①コストセンター		①製品に対応したコストセンターを設定し、費用を直課すること
	②内製品の品番と原価データ		②部品表をベースに、それぞれの品番・品名を把握する
	③資材品番の設定と原価データ		③納入先と使用部署は一致が原則
	④合格数計上		④最終ラインの合格数での数で算出
	⑤資材出庫量		⑤納入先と使用部署は一致が原則
	平均点	…	
2 原価管理データ	①資材使用量（在庫管理）		①納入量だけでなく、品番別の在庫変動量を加味して使用量を計算する
	②原価費目区分		②財務（部門費）の区分：素材・補助材・消耗性工具・エネルギー費・特定調達費・経費・労務費など
	③工数		③集計単位別に出勤人員・残業時間・総工数を把握。ライン・改善・保全・号試・事技員を区分
	平均点	…	
	①～⑥総合点	…	

判定基準

5点：改善し、あるべき姿に到達している　　3点：改善をしているが、一部不充分　　1点：改善がない。無管理状態に近い

おわりに

　この本のテーマ「原価マネジメント」にお付き合いくださいましてありがとうございました。読者の皆様にとって原価を考えるきっかけとなりましたら幸いです。

　筆者のトヨタ自動車でのキャリアは国内の車体生産ラインの生産技術エンジニアから始まりました。車体の生産技術では工程・設備計画を担当していましたが、当時は担当する人によってこの業務に対する価値観が違っていました。ある人は生産速度を最も重視し、ある人は工数（人件費）が最も少ない生産ラインを追求し、またある人は設備の特徴的な機構に興味を示して、その機構を実現するために設備計画を立てるといった具合です。このような混沌とした状態で仕事をしていました。

　ある時、上司が米国の自動車メーカーが導入している最先端の自動ラインに興味を持ち、その生産ラインを導入して自社の生産技術を高める方針を立てました。海外の自動ラインを研究し、日本の設備会社で国産化するというのです。かなり高額な生産ラインでしたが社内の稟議が通り、若いエンジニアに担当させようということで、入社間もない私が担当になりました。

　当時の私は技術的に未熟だったので、その仕事について先輩のエンジニアに技術的なアドバイスを求めました。しかし、「俺らは従来の技術しか分からない。新技術はお前が調べろ」と相手にしてもらえませんでした。仕方がないので苦労しながら最新の技術を調査し、新自動ラインを計画して生産工場に設置しました。数々のトラブルに見舞われましたが、様々な対策をしてなんとか落ち着き、順調に生産できるようになりました。

　生産開始から1年後、生産工場の技術員から「新自動ラインは生産速度は速いが、設備投資額が高い。生産部のコストがいろいろとかさむ。生産の原価は本当に従来のラインと比較して安いのか」と疑問を投げかけられました。

　生産の原価とは？　早速、原価を計算すると、なんと従来の設備を採用したほ

うが原価的には安かったのです。従来技術の設備に比べて保全要員が増加し、設備の部品の交換の頻度が多くなっていました。また、生産速度は速いものの、複数の部品を1つの自動ラインで生産していたため治具の入れ替えが必要で、そのたびに生産ラインが止まっていました。このような費用がかかり、会社としては損失を被っていたのです。

　この時に初めて、自分の仕事の付加価値は原価の観点から評価すべきだと感じました。この自動ラインは自動車のモデルライフである4年間稼働します。心苦しくなりました。これ以降、新しい工程・設備計画の仕事では、常に原価を検討して業務を進めるようになりました。これが、私が原価に関心を持つようになったきっかけです。

　その後、仕事の範囲は生産技術からさらに広がり、新車種の開発プロジェクトや海外でのプロジェクト(新会社設立)などの業務を担当するようになって、原価の観点から仕事の付加価値を高めることの重要さをますます痛感しました。国内の仕事では商品企画を、海外のプロジェクトでは上流(企画・生産技術)から下流(生産段階)までの業務を経験しました。これらの経験を基に一連の業務と原価との関連をまとめたものが「原価マネジメント」です。

　最後に、各関係者のご支援の下、このテーマを書籍の形で出版できますことを各関係者に感謝申し上げます。

2025年2月　堀切 俊雄

INDEX

数字

4M	057
5M	057
5S	234
5大任務	233

A~Z

CE	090
CE構想	102, 132
CIL (Cost Index Landed)	169
CIM (Cost Index Manufacturing)	168
DR	136
DRBFM	138
FMEA	138
FTA	138
Just In Time	220
PPC	136
QFD	136, 138
TCMS (Toyota Cost Management System)	033
TDS (Toyota Development System)	033
Tear Down	136
TPS (Toyota Production System)	032
VA	040
VE	040
Woven Management	030

あ

後工程引き取り	206
意思決定	062
ウーブン・マネジメント	030
大部屋活動	101

か

会計士	017
価格競争力	022
加工工数	159
活性化活動	234
稼働費	038
稼働率	158
可変費	041
技術環境	021
競争環境	021
経済環境	020
経済性検討	018, 041, 062
経理	014
決算	014
決算報告書	025
現価	082
原価維持・低減	048
限界利益	067
原価会議	032
原価企画	026, 048
原価企画段階	038
原価計画	026, 048, 128
原価計画段階	038
現価係数	083
原価低減	026
原価低減段階	038
現価法	087
原価マネジメント	014, 019
減債基金係数	083
現地現物	100
固定費	018

さ

財務会計	025
財務諸表	014
差額原価	074
サプライチェーンマネジメント	020
自工程完結	051
市場環境	021
実績原価	038, 041, 088
資本回収係数	083
ジャスト・イン・タイム	220
終価	082
終価係数	083
償却費	038

INDEX

商品開発 ……………………………………… 021
生産技術要件 ………………………………… 052
製造要件 ……………………………………… 053
製品企画書 …………………………………… 132
税理士 ………………………………………… 017
設計要件 ……………………………………… 052
先行改善 ……………………………………… 206
総原価 ………………………………………… 065
総費用 ………………………………………… 065
素材費 ………………………………………… 038
損益分岐点 …………………………………… 067

た
多能工化 ……………………………………… 234
チーフエンジニア …………………………… 090
トヨタ生産方式 ……………………………… 032
トヨタ流開発システム ……………………… 033
トヨタ流原価マネジメントシステム ……… 033

な
内外製 ………………………………………… 018
年価 …………………………………………… 082
年金現価係数 ………………………………… 083
年金終価係数 ………………………………… 083
納期 …………………………………………… 019

は
ハイブリッド車 ……………………………… 023
発生源対策 …………………………………… 051
判断基準 ……………………………………… 057
標準原価 ………………………………… 041, 088
品質機能展開 …………………………… 136, 138
付加価値 ……………………………………… 020
付加価値率 …………………………………… 224
不変費 ………………………………………… 041
可動率 ………………………………………… 158
ベンチマーキング …………………………… 136
変動費 ………………………………………… 018
補助部品費 …………………………………… 038

ま
埋没原価 ………………………………… 041, 079

見える化 ……………………………………… 234
儲からない会社 ……………………………… 018

や
予想原価 ………………………………… 041, 088

ら
リードタイム ………………………………… 019
リードタイム分析 …………………… 020, 206, 220
利益＝売値－原価 …………………………… 037
流出防止 ……………………………………… 051
良品条件 ……………………………………… 057
劣化係数 ……………………………………… 226
労務費 ………………………………………… 038

超高周波・パワエレ時代に ノイズトラブルを防ぐ！

電子機器で必須！EMC対応設計の決定版！

電子機器に必須のEMC設計の実務系参考書。設計現場が抱えるトラブルや悩みに詳しい元デンソーのEMC担当部長が、基本から応用事例まで分かりやすく解説します。事例は全て理論的に解説。「なぜそうなるのか」を理解できます。超高周波・パワエレ時代に「解」を提供するEMC設計の決定版！

オススメのポイント

≫ 元デンソーEMC担当部長が基本から応用事例まで解説
≫ 事例はほぼ全て理論的に解説、なぜそうなるかが分かる
≫ 超高周波・パワーエレ化で難易度が上がる中「解」を提供

見やすく 分かりやすい

EMC設計
前野 剛 著
B5判、262ページ
価格：7,150円（10%税込）
ISBN：978-4-296-20673-5
2025年1月27日発行

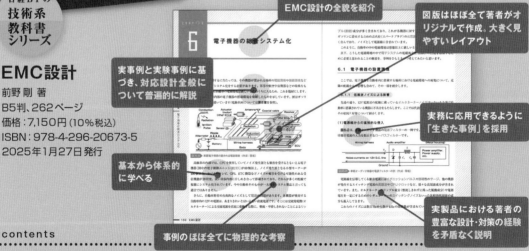

contents

- 第1章 電子機器のEMC環境と今後の課題
- 第2章 電子システムにおけるEMC設計
- 第3章 回路基板のEMC設計
- 第4章 電磁シールド
- 第5章 回路基板の金属筐体への装着
- 第6章 電子機器の総合システム化
- 第7章 電子システムを構成する配線
- 第8章 その他

著者紹介

堀切 俊雄（ほりきり・としお）
豊田エンジニアリング 代表取締役

1966年にトヨタ自動車入社以後、約36年にわたって生産技術部、海外生産企画部、海外技術部、GPC、中国部などに在籍。海外では、台湾の国瑞汽車（トヨタの海外工場）の技術部兼製造部部長を務める。定年時は中国主査。同社退職後、トヨタ生産方式などのコンサルティングを手掛ける豊田エンジニアリングを設立し、代表取締役として活躍。2008年に豊田マネージメント研究所を設立。日本はもとより、海外でも積極的に指導を行っている。著書に『新しいトヨタ生産方式「トータルTPS」』（日経BP）、『トヨタの原価』（かんき出版）などがある。

利益を最大にする実践的手法
トヨタ流原価マネジメント

2025 年 3 月 17 日　第 1 版第 1 刷発行

著者	堀切 俊雄
発行者	浅野 祐一
発行	株式会社日経BP
発売	株式会社日経BPマーケティング 〒105-8308 東京都港区虎ノ門 4-3-12
編集	近岡 裕、松岡 りか
ブックデザイン	Oruha Design（新川 春男）
制作・印刷・製本	株式会社大應

Ⓒ Toshio Horikiri 2025 Printed in Japan
ISBN 978-4-296-20737-4

本書の無断複写・複製（コピー等）は、著作権法上の例外を除き、禁じられています。
購入者以外の第三者による電子データ化及び電子書籍化は、私的使用を含め一切認められておりません。

本書籍に関するお問い合わせ、ご連絡は下記にて承ります。
https://nkbp.jp/booksQA